Junaid Malik

Veado de Caxemira (Hangul) e veado almiscarado de Caxemira no Parque Nacional de Dachigam

Junaid Malik

Veado de Caxemira (Hangul) e veado almiscarado de Caxemira no Parque Nacional de Dachigam

Imprint

Any brand names and product names mentioned in this book are subject to trademark, brand or patent protection and are trademarks or registered trademarks of their respective holders. The use of brand names, product names, common names, trade names, product descriptions etc. even without a particular marking in this work is in no way to be construed to mean that such names may be regarded as unrestricted in respect of trademark and brand protection legislation and could thus be used by anyone.

Cover image: www.ingimage.com

This book is a translation from the original published under ISBN 978-620-2-19759-5.

Publisher:
Sciencia Scripts
is a trademark of
Dodo Books Indian Ocean Ltd. and OmniScriptum S.R.L publishing group

120 High Road, East Finchley, London, N2 9ED, United Kingdom
Str. Armeneasca 28/1, office 1, Chisinau MD-2012, Republic of Moldova, Europe
Printed at: see last page
ISBN: 978-620-8-04728-3

Índice

DEDICADO

**AOS MEUS CUIDADOS
E
INCENTIVAR OS PAIS**

AGRADECIMENTOS

Todos os louvores a **Alá Todo-Poderoso**, o único compassivo e misericordioso, que me abençoou com a coragem de obter educação superior e de completar este manuscrito. Bênçãos de Alá para o **Santo Profeta Muhammad (que a paz esteja com ele)**, cujos ensinamentos serviram de raio de luz para a humanidade nas horas de desespero e escuridão.

Gostaria de aproveitar esta oportunidade para expressar a minha mais profunda gratidão à personalidade mais querida, o meu supervisor **Dr. S.K. Bansal**, Professor, Departamento de Zoologia, SSL Jain PG College, Vidisha (MP), pelos seus conhecimentos, comportamento encorajador e orientação construtiva durante a realização desta tarefa. Foi graças à sua orientação inspiradora e à sua supervisão dinâmica durante todo o estudo que o presente manuscrito pôde ser preparado.

Sinto-me privilegiado ao expressar a minha profunda gratidão e sentido de devoção ao **Dr. R.C. Saxena**, Diretor e Professor, Departamento de Zoologia, SSL Jain PG College, Vidisha (MP), por ter disponibilizado as instalações laboratoriais, orientação inspiradora e sugestões valiosas.

Estou grato ao meu supervisor de campo, **Sr. Intesar Suhail**, Wildlife Warden Shopian (J&K), por ter efectuado várias visitas ao local de estudo e me ter orientado na operação de campo. Os meus sinceros agradecimentos vão também para o **Sr. Feroz Ahmad Mir** por me ter dado todo o apoio e ter vindo ajudar sempre que foi necessário.

Estou grato ao **Dr. A.K. Gangele**, Diretor, SSL Jain PG College, Vidisha (MP) por disponibilizar instalações de investigação. Além disso, também estou grato ao HOD, Departamento de Botânica, SSL Jain PG College, Vidisha (MP) por ajudar a identificar algumas espécies de plantas.

Estou extremamente grato ao Chief Conservator of Forests/ Regional Wildlife Warden, Kashmir Region, por me ter permitido efetuar a investigação no Parque Nacional. Gostaria de agradecer ao pessoal da linha da frente do Parque Nacional de Dachigam pelo acolhimento no parque e pelo apoio ao estudo. Os meus agradecimentos estendem-se também a todos os membros do pessoal do Departamento de Proteção da Vida Selvagem, Divisão Central, especialmente ao **Sr. Nazir Malik** pela sua generosa ajuda durante a investigação e a aquisição de amostras.

Por último, mas não menos importante, gostaria de expressar o meu sentimento de devoção aos meus pais por não terem desviado a minha atenção dos estudos.

(Junaid Ahmad Malik)

RESUMO

Os ungulados constituem uma componente importante da fauna de mamíferos dos Himalaias. No total, 19 espécies de ungulados pertencentes a quatro famílias, Moschidae, Cervidae, Bovidae e Equidae, habitam os Himalaias, das quais dezoito espécies são registadas no Estado de J&K. Para além de alguns inquéritos e estudos ecológicos de curta duração sobre algumas espécies de ungulados dos Himalaias ocidentais, não foi efectuado qualquer estudo pormenorizado sobre os ungulados do J&K, com exceção do íbex dos Himalaias (*Capra ibex sibirica*), do tahr dos Himalaias (*Hemitragus jemlahicus*), do veado-vermelho da Caxemira ou Hangul (*Cervus elaphus hanglu*) e do Markhor (*Capra falconeri cashmirensis*), que foram estudados até certo ponto. A literatura disponível salienta as dificuldades de estudar ungulados raros e/ou esquivos nas condições dos Himalaias. São necessários estudos a longo prazo sobre a ecologia destas espécies para a sua conservação e monitorização.

O presente estudo sobre a ecologia e os hábitos alimentares de ungulados, nomeadamente o veado-vermelho da Caxemira (*Cervus elaphus hanglu*) e o veado-almiscarado da Caxemira (*Moschus cupreus*) no Parque Nacional de Dachigam, Srinagar, J&K, foi realizado de outubro de 2010 a dezembro de 2012. Foi selecionada uma área de estudo intensivo de 53 km^2 em diferentes tipos de habitat, aspectos e altitudes do Parque Nacional, representando várias zonas ecológicas do Parque. Os objectivos do estudo foram: (i) determinar a situação, a abundância relativa e a distribuição dos mamíferos ungulados em Dachigam; (ii) determinar o tamanho do grupo, a composição e a proporção entre os sexos destes animais; (iii) estudar os hábitos alimentares destes ungulados dentro do Parque Nacional; (iv) estudar as interações e o padrão de utilização do habitat.

Cada povoamento foi percorrido duas vezes por mês, de novembro de 2010 a dezembro de 2012, para estimar as taxas de encontro (RE) e a densidade do veado-vermelho e do veado-almiscarado de Caxemira e dos seus grupos de pellets para micro-histologia. A abundância de ungulados foi também estimada através da análise de pontos de observação. A variação sazonal e o tamanho global dos grupos de veados-vermelhos e veados-almiscarados foram estimados através da monitorização regular e da passagem por trilhos na área de estudo em diferentes períodos de tempo. As preferências alimentares destes ungulados foram determinadas através da análise micro-histológica de pellets fecais em diferentes estações do ano durante o período de estudo. Foram recolhidas 44 espécies de plantas dos diferentes locais de pastagem do veado-vermelho e do veado-almiscarado de Caxemira dentro do Parque Nacional para lâminas de referência. Os dados sobre a utilização do habitat destes ungulados foram recolhidos nos trilhos e a disponibilidade foi registada a cada 200 m de intervalo.

Foi também estimado o ER de outras espécies de mamíferos registadas durante o estudo. O ER sazonal médio e a densidade do veado-vermelho de Caxemira variaram entre 0,78 e 0,95/km e entre 1,58 e 1,82/km^2, respetivamente, sendo o ER e a densidade médios globais de 0,84/km e 1,61/km^2, respetivamente. O ER e a densidade sazonais médios do cervo almiscarado de Caxemira variaram entre 0,42 e 1,14/km e 0,44 e 0,70/km^2 , respetivamente, com o ER e a densidade médios globais de 0,43/km e 0,53/km^2 , respetivamente. As estimativas sazonais de ER e densidade variaram significativamente, mas as estimativas foram semelhantes entre os anos. As estimativas de abundância foram mais elevadas nas zonas menos perturbadas. O ER de ungulados na área foi fortemente correlacionado com as estimativas de densidade. O ER global para o veado de Hangul em Reshwadri foi de 1,48/km e as estimativas de densidade foram de 5,20/km^2 (mais elevadas no outono). A ER global para o veado almiscarado em Zahil foi de 1,14/km e as estimativas de densidade foram de 1,50/km^2 (mais elevadas no outono e no inverno).

Os veados-vermelhos da Caxemira formaram agregações que variaram em termos espácio-temporais, com tamanhos que oscilaram entre um e 20 animais (7 tamanhos de grupo). As dimensões médias dos grupos na primavera, verão, outono e inverno foram de 5,00, 6,28, 7,91 e 7,14, respetivamente. O tamanho dos grupos variou significativamente entre estações, mas foi semelhante em diferentes horas do dia, exceto nas noites de inverno. Os grupos maiores formaram-se em zonas menos perturbadas, em contraste com as zonas mais perturbadas. Dos 349 veados-campeiros observados, apenas 243 foram classificados em classes de sexo e idade. Os veados almiscarados foram frequentemente observados solitários. Foram observados com um rácio médio de machos: fêmeas de 1: 1,62. Não foram registados dados sobre a estrutura etária e o rácio jovem: adulto dos cervos almiscarados devido à inacessibilidade e impossibilidade de acesso.

Os componentes mais abundantes da dieta do veado-vermelho da Caxemira foram *Poa annua, Salix alba, Hemerocallis fulva, Solanum nigrum, Portulaca oleracea, Aesculus indica, Indigofera* sp., *Rosa* sp., *Parrotiopsis jacquemontiana, Jasminum humile, Quercus rober* e *Berberis lycium* no Parque Nacional. E os principais componentes da dieta do veado almiscarado de Caxemira no Parque Nacional eram *Taraxacum officinale, Abies pindrow, Polygonum alpinum, Dipsacus inermis, Berberis lycium, Alchemilla vulgaris, Solidago virgaaurea, Quercus rober, Gaultheria trichophylla, Rumex* sp. e *Rhododendron anthopogon.*

O veado-vermelho da Caxemira utiliza sobretudo zonas entre 2000 e 2800 m de altitude em todas as estações do ano, enquanto o veado-almiscarado apresenta uma altitude mais elevada, entre 2700 e 3400 m, no interior do Parque Nacional.

Os melhores tipos de habitat para o veado-vermelho de Caxemira em Dachigam são a floresta decídua temperada húmida, os prados, a floresta de pinheiro-azul e a floresta mista temperada média do Parque Nacional, com a maior preferência pela floresta decídua temperada húmida (ribeirinha). O veado almiscarado apresenta a melhor preferência de habitat nas florestas mistas de coníferas e de pinheiro-azul do Parque Nacional.

REFERÊNCIA RÁPIDA À TESE

A tese é composta por nove capítulos. O primeiro capítulo, o capítulo introdutório, apresenta uma visão geral dos Himalaias e da área de concentração da tese. O capítulo introduz o tema e apresenta os antecedentes, a declaração do problema, a justificação e os objectivos da investigação. O capítulo aborda ainda os antecedentes dos animais em estudo e a sua distribuição.

O capítulo dois descreve o Parque Nacional de Dachigam e limita-se a descrever o local de estudo em pormenor. A apresentação da área de estudo esclarece melhor a delimitação do presente estudo e as caraterísticas físicas, ambientais, antropogénicas e socioeconómicas da área.

O terceiro capítulo apresenta o quadro teórico e concetual do presente estudo. O habitat é a abordagem teórica utilizada com referência específica ao estudo da associação das espécies de vida selvagem ao homem e ao seu ambiente (abordagem do habitat). Os conceitos de 'vida selvagem e conservação', 'estado e tendência dos mamíferos', 'distribuição', 'modelação', 'turismo e habitat da vida selvagem' são discutidos para fornecer literatura significativa no âmbito da qual este estudo é efectuado. Os conceitos fornecem informações de base relevantes para compreender a investigação anterior no domínio semelhante.

O quarto capítulo apresenta o estado geral de outra fauna de mamíferos registada na área de estudo, o esboço e a justificação da abordagem de investigação qualitativa e quantitativa adoptada para o estudo. O capítulo discute as técnicas analíticas utilizadas para o estudo geral.

O capítulo cinco apresenta os resultados da investigação sobre a distribuição, a abundância, a densidade, o estado e a tendência da diversidade de ungulados, apresentando o modelo desenvolvido e interpretando os resultados da simulação.

O capítulo seis descreve o tamanho do grupo, a idade e a composição sexual dos ungulados na área de estudo.

O capítulo sete apresenta as preferências alimentares dos ungulados na área de estudo, com ênfase na sua variação sazonal.

O oitavo capítulo apresenta a avaliação do habitat e a medição das altitudes e dos tipos de floresta preferidos pelos ungulados. Também lança luz sobre a barreira ecológica e a separação de habitat dos mamíferos ungulados no Parque.

O capítulo nove determina a abordagem teórica adoptada pelo estudo, discute-a e apresenta as conclusões. O capítulo termina com a apresentação das implicações da investigação para a gestão, com base nos resultados da investigação, e com sugestões para estudos futuros. As referências detalhadas citadas e as ilustrações, as placas e microhistografias, os anexos, as listas de controlo da flora e a folha de registo de dados são apresentados no final.

CAPÍTULO 1: INTRODUÇÃO

1.1 O HIMALAYA

Os Himalaias abrangem um sistema complexo de cadeias quase paralelas de montanhas terciárias. Estas montanhas são uma das formações mais jovens e têm uma orientação principalmente de noroeste para sudeste. A cordilheira principal dos Himalaias é composta por três zonas: os Himalaias exteriores (até 1500 m acima do nível do mar), os Himalaias médios (até 5000 m) e os Grandes Himalaias, a cordilheira mais alta do mundo, com picos como o Evereste, que ultrapassam os 8800 m (Wadia 1996, Jhingran 1981).

A formação dos Himalaias deu origem a novas barreiras e corredores, que influenciaram a dispersão da flora e da fauna. Sendo o ponto de encontro de dois reinos biogeográficos, a saber, o Oriental e o Paleártico (Mani 1974), os Himalaias proporcionaram vários habitats que foram ocupados por muitas espécies primitivas e também por espécies recentemente desenvolvidas.

A região dos Himalaias, uma das zonas biogeográficas mais ricas da Índia, cobre uma área de cerca de 42 200 km^2 , quase 15% da superfície terrestre da Índia. A localização, o clima e a topografia dos Himalaias dotaram-na de formas de vida ricas e diversificadas. Das 372 espécies de mamíferos existentes na Índia, 241 espécies (65%) estão registadas nos Himalaias e 29 (37%) das espécies de mamíferos enumeradas no Anexo I da Lei da Vida Selvagem Indiana (Proteção), de 1972, ocorrem nos Himalaias (Ghosh 1996). No entanto, faltam ainda informações científicas sobre muitos destes mamíferos. Com exceção de alguns estudos ecológicos, realizados num passado recente (Green 1985, Kattel 1990, Chundawat 1992, Sathyakumar 1994, Bhatnagar 1997, Vinod 1997, Khursheed 2007, Bhat 2008), todas as outras informações se baseiam em inquéritos sobre o estatuto (por exemplo Schaller 1977, Gaston et al. 1981,1983, Fox et al. 1988,1991,1992, Cavallini 1990,1992, Gaston & Garson 1992, Lovari & Appolonio 1994, Sathyakumar 1993) e estudos de curta duração (Mishra 1993, Pendharkar 1993).

A região dos Himalaias é habitada por cerca de 51 milhões de pessoas, ou seja, 6% da população indiana (Anon 1993). A população humana na região aumentou mais de 170% desde 1951 (Moddie 1981). As alterações nos padrões de cultivo e as actividades de desenvolvimento nos Himalaias conduziram à redução de muitos dos habitats privilegiados da vida selvagem. A rede de zonas protegidas (AP) existente e proposta na região dos Himalaias indianos cobre cerca de 92% da área total (Roddie, 1981). 92% da área total (Rodgers & Panwar 1988). Cerca de 65% destas áreas protegidas situam-se entre 2000 e 4000 m de altitude, uma zona densamente povoada.

Biogeograficamente, os Himalaias podem ser divididos em quatro províncias: Noroeste, Ocidental, Central e Oriental (Rodgers & Panwar 1988), cada uma caracterizada por uma flora e fauna distintas. A oeste, o rio Sutlej é considerado a fronteira entre os Himalaias ocidentais e os Himalaias do noroeste (Mani 1974).

A região de alta altitude dos Himalaias ocidentais (Caxemira e Ladakh ocidental até Kumaon)

Esta região é constituída por uma cintura de florestas de coníferas e pinheiros que ocupam a zona altitudinal de 1500 a 2500 metros. As florestas de rododendros, bambus anões e bétulas, misturadas com pastagens alpinas, estendem-se acima da cintura de pinheiros até à linha de neve; o planalto desértico frio de Ladakh existe no extremo noroeste. As zonas mais elevadas acima da cintura de coníferas representam a zona alpina. A cintura de pinheiros funciona sobretudo como zona de transição para a rica fauna da zona alpina nas altitudes mais elevadas. Durante o inverno, quando o ambiente na zona alpina se torna extremamente frio, várias espécies deslocam-se para esta região. Com o degelo do verão, as pastagens alpinas voltam a ficar verdes e tornam-se o local de pastagem da maioria destes animais.

A família dos bovídeos está bem representada nesta parte dos Himalaias, sobretudo nas altitudes mais elevadas. Nesta região, vivem mais espécies de cabras e ovelhas selvagens do que em qualquer outro sítio.

Em Jammu e Caxemira existem vários vales, como o vale de Caxemira, o vale de Tawi, o vale de Chenab, o vale de Poonch, o vale de Sindh e o vale de Lidder. O principal vale de Caxemira tem 100 Km^2 (62 mi) de largura e 15 520,3 Km^2 (5 992,4 sq. mi) de área. Os Himalaias dividem o vale de Caxemira de Ladakh, enquanto a cadeia de Pir Panjal, que circunda o vale a oeste e a sul, o separa das Grandes Planícies do norte da Índia. Este belo vale, densamente povoado, tem uma altitude média de 1.850 metros acima do nível do mar, mas a cordilheira de Pir Panjal, que o rodeia, tem uma altitude média de 5.000 metros.

1.2 OS UNGULADOS

Os ungulados (que significa aproximadamente "ter patas" ou "animal com casco") são vários grupos de mamíferos, a maioria dos quais utiliza as pontas dos dedos dos pés, geralmente cascos, para sustentar todo o peso do corpo enquanto se deslocam. *Ungulata* era considerada uma ordem que foi dividida em:

> Perissodactyla (ungulados com dedos ímpares)

> Artiodactyla (ungulados com dedos pares)

> Tubulidentata (aardvarks)

> Hyracoidea (hyraxes)

> Sirénia (dugongos e manatins) ; e

> Proboscidea (elefantes)

Os membros das ordens Perissodactyla, Artiodactyla e Cetacea são designados por "verdadeiros ungulados" para os distinguir dos "subungulados" (paenungulata), que incluem membros das ordens Proboscidea, Sirenia, Hyracoidea e Tubulidentata. Os exemplos mais conhecidos de ungulados que vivem atualmente são o cavalo, a zebra, o burro, o gado bovino, o bisonte, o rinoceronte, o camelo, o hipopótamo, a cabra, o porco, a ovelha, a girafa, o okapi, o alce, o alce, o veado, a anta, o antílope e a gazela.

Os ungulados constituem uma componente importante da fauna mamífera dos Himalaias. Constituem a principal base de presas para os grandes mamíferos predadores. Os ungulados modificam frequentemente o seu padrão de atividade em resposta a diferenças de habitat, estações do ano e factores de perturbação, e o seu comportamento pode ser um indicador sensível da qualidade, proteção e gestão do habitat (Owen-Smith 1982, Pachlatko & Nievergelt 1985). No total, 19 espécies de ungulados pertencentes a quatro famílias, nomeadamente *Cervidae, Moschidae, Bovidae e Equidae,* habitam os Himalaias (Bhatnagar 1993). Os Himalaias e as cadeias montanhosas associadas albergam 12 das 31 espécies (38,7%) de Caprinae encontradas em todo o mundo, as mais ricas em qualquer parte do mundo (Shakleton 1997).

Em Jammu & Kashmir estão presentes 18 espécies de ungulados. São elas:

> Veado-campeiro (*Muntiacus muntjak)*

> Ovelha azul ou Bharal (*Pseudois nayaur nayaur)*

> Chinkara (*Gazella bennettii*)

> Goral (*Naemorhedus goral)*

> Íbex dos Himalaias (*Capra ibex sibirica*)

> Tauro dos Himalaias (*Hemitragusjemlahicus*)

> Veado-vermelho da Caxemira ou Hangul (*Cervus elaphus hanglu*)

> Markhor (*Capra falconeri Cashmirensis*)

> Veado almiscarado (*Moschus cupreus*)

> Neelgai (*Boselaphus tragocamel)*

> Sambhar (*Rusa unicolor*)

> Serow (*Capricornis sumatracensis*)

> Veado-mateiro (*eixo do eixo*)

> Antílope tibetano ou Chiru (*Pantholops hodgsonii*)

> Gazela tibetana (*Procapra picticaudata*)

> Ovelha tibetana ou Nayan (*Ovis ammon hodgsonii*)

> Javali (*Sus scrofa*)

> Iaque selvagem (*Bos grunniens*)

O presente estudo centra-se apenas nos veados Hangul e almiscarado que ocupam altitudes médias e elevadas (entre 2000-4200 m) do Parque Nacional de Dachigam, nos Himalaias Ocidentais.

Os ungulados, em particular os ungulados herbívoros, desempenham um papel ecológico importante nas florestas de reserva e nos santuários de vida selvagem/parques nacionais. O desaparecimento da população de ungulados pode ter consequências específicas para outros processos ecológicos, como a influência na dispersão e germinação de sementes de muitas árvores florestais e o controlo de algumas populações herbáceas, que, de outra forma, podem crescer em grande número e afetar a estrutura do sub-bosque da floresta tropical (Dirzo & Mirande 1991). Os ungulados herbívoros também desempenham um papel importante na renovação de nutrientes na floresta através do seu comportamento de forrageamento, arrancando vegetação apodrecida e detritos na sua procura de alimentos.

1.2.1O veado-vermelho da Caxemira (Cervus elaphus hanglu) Nome local: *Hangul (<$), Minemer (ty* (Kashmiri)

Taxonomia

Os artiodáctilos constituem um grupo bem sucedido de herbívoros, com um elevado grau de diversidade de espécies, habitando uma vasta gama de habitats, desde climas tropicais a polares, distribuídos por todas as regiões zoogeográficas, exceto a Austrália e a Antárctida (Geist 1985).

O Hangul é uma subespécie de veado-vermelho (uma das maiores espécies de veado) nativa do norte do Paquistão e da Índia, especialmente em Jammu e Caxemira.

Reino Unido	Animália
Filo	Chordata
Classe	Mamíferos
Encomendar	Artidáctila
Subordem	Ruminantes
Família	Cervídeos
Subfamília	Cervinae
Género	*Cervus*
Espécies	*C. elaphus*
Subespécie	*C. e. hanglu*

Descrição

O veado-vermelho da Caxemira (*Cervus elaphus hanglu*, Wagner), também conhecido como Hangul, pertence à ordem Artiodactyla (ou mamíferos de casco fendido), caracterizada por ter patas com dois dedos centrais funcionais que suportam o peso, encerrados em cascos córneos de tamanho aproximadamente igual e que dão a

A aparência de um único casco dividido ao meio em cada pé (Roberts 1977, Grub 1993), daí o nome ungulados de dedos pares.

Este veado tem uma mancha ligeira na alcatra e a cor da pelagem é castanha com uma mancha nos pêlos. A parte interna das nádegas é branca acinzentada. Os veados têm chifres, que começam a crescer na primavera e que são retirados todos os anos, geralmente no final do inverno. Cada chifre é constituído por 3-6 dentes. Os chifres medem normalmente cerca de 50 cm de comprimento total e são constituídos por osso que pode crescer a um ritmo de 1,0-2,0 cm por dia. Uma cobertura macia, conhecida como veludo, ajuda a proteger os chifres recém-formados na primavera. Os chifres são estimulados pela testosterona e, à medida que os níveis de testosterona do veado baixam, o veludo cai e os chifres param de crescer. Com a aproximação do outono, o chifre começa a calcificar e a produção de testosterona do veado aumenta para a aproximação do cio (época de acasalamento). Durante o outono, os veados desenvolvem uma camada de pelo mais espessa, que ajuda a isolá-los durante o inverno.

O veado é um dos animais mais tímidos e hesitantes. É extremamente repulsivo a qualquer interferência e desafia violentamente o enjaulamento. O Hangul passa geralmente o inverno nas zonas mais baixas de Dachigam e migra para as altitudes mais elevadas do parque, onde a forragem é melhor para a época do parto. As crias dão à luz em maio-junho, após o que começa normalmente a migração (Ahmad *et al.* 2002).

Os veados dominantes seguem grupos de corças durante o cio, de setembro até ao início do inverno. O hangul é uma espécie poligâmica (um macho acasala com muitas fêmeas) e, geralmente, o número de machos é muito inferior ao de fêmeas. Os veados podem ter até 18 fêmeas para se manterem afastados de outros machos menos atraentes e o sucesso reprodutivo atinge o seu pico por volta dos 8 anos de idade. Os veados machos emitem um som caraterístico, semelhante a um "rugido", durante o cio (Kurt 1977, Bhat *et al.* 2009). O padrão de acasalamento envolve geralmente uma dúzia ou mais de tentativas antes da primeira bem sucedida. As fêmeas estão geralmente prontas para acasalar em 2-3 anos e podem produzir uma e muito raramente duas crias num ano. O período de gestação é de cerca de 7 meses e, ao fim de duas semanas, as crias podem juntar-se à manada e são completamente desmamadas ao fim de dois meses. As crias permanecem com as mães durante quase um ano inteiro, partindo por volta da altura em que são produzidas as crias da estação seguinte. O Hangul vive normalmente entre 15 e 20 anos (Schaller 1969, Kurt 1977).

Placa 1.1: Uma fêmea (traseira) de veado-vermelho no Parque Nacional de Lower Dachigam

Estado e distribuição

O Hangul (*Cervus elaphus hanglu*) ou veado-vermelho de Caxemira sobrevive apenas nas florestas temperadas húmidas da região de Caxemira. O Hangul foi declarado um animal criticamente ameaçado pela IUCN, em 2004, e foi agora declarado uma espécie menos preocupante pelo Livro Vermelho de Dados da União Internacional para a Conservação da Natureza e dos Recursos Naturais (IUCN).

Hangul, o veado-vermelho da Caxemira, sendo o animal do Estado, é uma subespécie do veado-vermelho europeu. Embora sejam reconhecidas mais de 150 espécies de veados a nível mundial, o Hangul é a única raça sobrevivente da família dos veados-vermelhos da Europa no subcontinente. Atualmente, a única população viável de Hangul está limitada ao parque natural de Dachigam e às zonas protegidas adjacentes (Kurt 1978, Iqbal *et al.* 2005, Ahmad *et al.* 2005, Ahmad 2006). Em tempos, o hangul teve uma distribuição relativamente ampla nas montanhas de Caxemira (Schaller 1969). A distribuição passada conhecida do hangul restringia-se a um arco de 65 milhas de largura, a norte e a leste dos rios Jhelum e Chenab inferior, desde Shalurah a norte até Ramnagar a sul (Lydekker 1924, Holloway 1971). O santuário de Gamgul Siya-Behi, em Himachal Pradesh, na fronteira com Jammu, é a única zona fora de Jammu e Caxemira que albergou populações de hangul no passado conhecido. A distribuição do hangul estava limitada às florestas temperadas húmidas no lado norte do vale de Caxemira e a alguns outros vales adjacentes (Prater 1965, Kurt 1978). No entanto, a única população viável atualmente é a de Dachigam (Schaller 1969, Holloway 1971, Kurt 1978, Department of Wildlife Protection, 2004).

Hangul distribui-se entre uma altitude de 1.700 m e 3.500 m. Esta área alberga florestas mesófilas de folha larga de ácer (*Acer* sp.), amoreira (*Morus alba*), *Ulmus* spp., *Rhus* spp, Noz (*Juglans regia*), Hatab (*Parrotiopsis jacquemontiana*), uma variedade de coníferas como Deodar (*Cedrus deodara*), Pinheiro azul (*Pinus wallichiana*), Abeto (*Picea smithiana*) e Abeto (*Abies pendrow*) (Singh e Kachroo 1987, Bano *et al.* 1995, Ahmad *et al.* 2002).

A área de distribuição do hangul, em perigo de extinção, situa-se em Caxemira, entre as cadeias montanhosas de Zanskar e Pir Panjal. A população de hangul diminuiu consideravelmente na sua área de distribuição atual. Na sua área de distribuição atual, a população ademograficamente viável de hangul ocorre apenas no Parque Nacional de Dachigam. A população de hangul de Dachigam registou uma tendência decrescente desde a década de 1940 até 2004. Os números diminuíram drasticamente desde 1947 (Gee 1966, Schaller 1969, Holloway 1970, Department of Wildlife Protection, 2004). A população de hangul de Dachigam era de cerca de 1000-2000 antes da independência, mas no final da década de 1950 estava reduzida a cerca de 400 indivíduos (Gee 1966), tendo diminuído ainda mais para 140170 (Holloway 1970).

Os exercícios de recenseamento efectuados pelo Departamento de Vida Selvagem de Jammu e Caxemira de 2004 a 2009 situaram os números entre 150 e 200 (Fig. 1.2, 1.3). No entanto, o censo recente realizado em março de 2011 pelo grupo combinado de pessoal do Instituto da Vida Selvagem da Índia (WII), do Departamento Estatal de Proteção da Vida Selvagem (JKWLPD), de universidades e de ONG aponta para 218±13,96. O inquérito revelou um aumento de 43. O estudo foi realizado em março de 2011 numa área de 1 107 quilómetros em 87 transectos, incluindo o Parque Nacional de Dachigam e áreas adjacentes, nomeadamente Dara, Nishat, Braine, Cheshmashahi, Khonmoh, Khrew, Wangath, Shikargah, Khiram, Reservas de Conservação de Khangund e as áreas florestais adjacentes da Floresta de Sindh. Os números, embora apresentem uma tendência crescente a partir de 2009, não devem, contudo, ser considerados um aumento significativo da população de hangul.

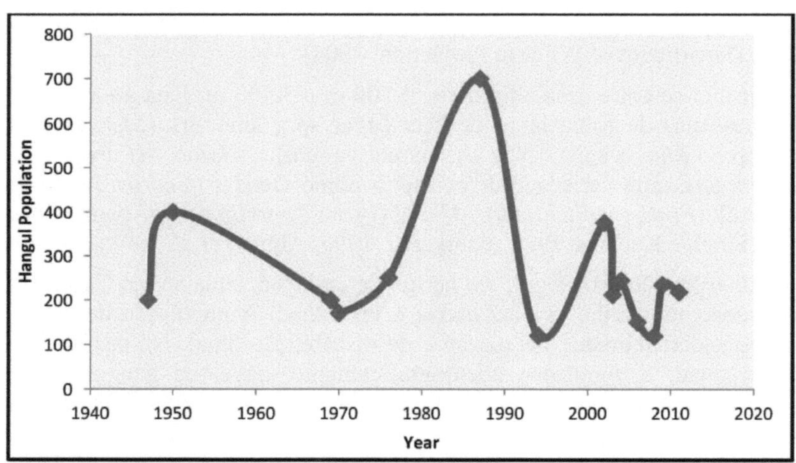

Fig. 1.1: Tendência da população Hangul em Dachigam e áreas adjacentes de 1947 a 2011.

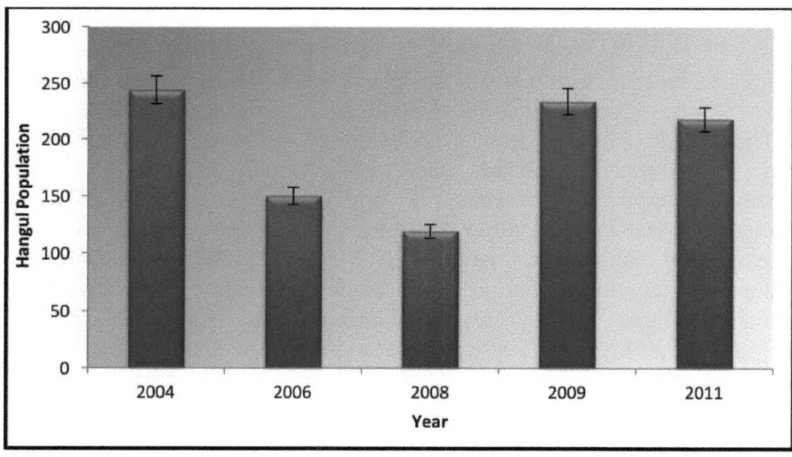

Fig. 1.2: Contagens da população Hangul com erros padrão (2004 a 2011)

1.2.2 Cervo almiscarado de Caxemira (*Moschus cupreus*)

Nome local: *Kastura* (Hindi), *Roos* (J), *Roos-kutt* ($) (Caxemira)

Taxonomia

O veado almiscarado de Caxemira *Moschus cupreus* foi originalmente descrito como uma subespécie do veado almiscarado alpino *Moschus chrysogaster*, mas Groves *et al.* (1995), seguidos por Grubb (2005), sugeriram que poderia ser uma espécie separada. Certas caraterísticas da espécie relacionam-na de forma diferente em comparação com as outras espécies e são favoráveis a uma espécie separada, *o Moschus cupreus* (Mudasir-Ali 2008).

14

Reino Unido	Animália
Filo	Chordata
Classe	Mamíferos
Encomendar	Artidáctila
Subordem	Ruminantes
Família	Mosquídeos
Subfamília	Mosquídeos
Género	*Mosquito*
Espécies	*M. cupreus*

Descrição

O cervo almiscarado de Caxemira *(Moschus cupreus)* é um animal de pequeno porte com uma cabeça pequena. As patas traseiras parecem ser mais compridas do que as anteriores, o que indica a tendência para se deslocar por saltos quando percorre os rebentos. O seu hábito é crepuscular, ou seja, ativo ao anoitecer e ao amanhecer. Os veados almiscarados (*Moschus* spp.) são artiodáctilos do género *Moschus*, o único género da família *Moschidae*. Diferem em muitos aspectos dos cervídeos ou veados verdadeiros.

Ao contrário dos cervídeos, os veados almiscarados não têm chifres nem glândulas faciais, têm apenas um par de tetas, possuem uma vesícula biliar, uma glândula caudal, um par de dentes em forma de presa e, de particular importância económica para o homem, uma glândula almiscarada. As presas são utilizadas mais para lutas intra-específicas do que para escavar raízes. Estes caninos alongados do maxilar superior atingem um comprimento de 7-10 cm. e são móveis nas cavidades para minimizar as fracturas durante o combate (Flerov 1952). O animal é conhecido pelo seu almíscar, uma secreção da glândula prepucial masculina que tem sido usada em medicamentos tradicionais e em perfumaria desde 3.500 AC. Atualmente, o almíscar é um dos produtos animais mais valiosos do mundo, valendo até 45.000 dólares americanos ou 3-4 vezes o seu peso em ouro.

Estado e distribuição

O veado almiscarado de Caxemira foi declarado uma espécie em perigo de extinção pelo Livro Vermelho da União Internacional para a Conservação da Natureza e dos Recursos Naturais (UICN). O cervo-almiscarado foi expulso de zonas e encontra-se seriamente depauperado em grande parte da sua área de distribuição devido à exploração descontrolada para obtenção de almíscar e à perturbação causada por pastores e cortadores de madeira. Os cervos almiscarados habitam florestas de montanha e matagais subalpinos em grande parte da sua distribuição. A vegetação rasteira densa, tipicamente de rododendros, bambus e outros arbustos, é um pré-requisito, com uma preferência marcada por encostas íngremes (Green 1987, Kattel 1992). Encontra-se em terrenos arborizados de maior altitude no Noroeste da Índia (Caxemira, Himachal Pradesh, Uttar Pradesh) e no Nordeste da Índia (Assam, Manipur, Sikkim). O veado-almiscarado prefere terrenos rochosos nos níveis superiores da floresta e dos matos entre 2200 e 4300 m (Schaller 1977). No Parque Nacional de Dachigam, a área de distribuição do veado abrange uma zona politicamente sensível, onde existe uma grande concentração de tropas que pode aumentar substancialmente a incidência da caça furtiva.

Placa 1.2: Um veado almiscarado avistado em Pahlipora, Parque Nacional de Dachigam

1.3 OBJECTIVOS

A leitura da literatura mostra que não foi efectuado qualquer estudo pormenorizado a longo prazo sobre as preferências alimentares destes ungulados no Parque Nacional de Dachigam. A fim de obter informações de base sobre vários aspectos ecológicos e hábitos alimentares destas espécies, o presente estudo foi realizado no DNP, com os seguintes objectivos

- ❖ Determinar o estado, a abundância relativa e a distribuição das espécies de ungulados no Parque Nacional de Dachigam.

- ❖ Estimar a abundância relativa dos veados Hangul e almiscarado em diferentes zonas de habitat do Parque Nacional.

- ❖ Identificar as preferências alimentares dos ungulados na área de estudo.

- ❖ Determinar a disponibilidade de forragem na zona de estudo.

❖ Estudar os padrões de utilização do habitat destes ungulados e a sua separação ecológica.

❖ Identificar os problemas de conservação dos ungulados, sugerir medidas de atenuação e desenvolver um programa de monitorização a longo prazo para os ungulados.

Acredita-se que este estudo ajudará a conhecer a distribuição geral das espécies de ungulados em diferentes partes do Parque Nacional. As informações recolhidas fornecerão informações de base para o desenvolvimento e execução de um plano de gestão eficaz e/ou implementação do plano de gestão.

CAPÍTULO 2: ÁREA DE ESTUDO

2.1 ANTECEDENTES

O nome do parque provém da palavra caxemira *"Dah"*, que significa "10", *"chi"* significa "são" e *"gam"* significa "aldeia", ou seja, "10 aldeias". Antes da existência do parque, existiam 10 aldeias que, mais tarde, foram transferidas da zona devido à criação de uma reserva de caça de rakh pelo marajá de Jammu e Caxemira. O nome do parque nacional foi dado em memória destas 10 aldeias. No interior do parque, há muitos nallahs que têm o nome da translocação dessas aldeias. Esta zona tinha uma flora e uma fauna diversificadas e, tendo em conta este facto, o marajá tornou-a *rakh* para ele e para os seus convidados (caça).

2.2 LOCALIZAÇÃO E ALTITUDE

O Parque Nacional de Dachigam situa-se entre 34°05 "N - 34°11 "N e 74°54 "E - 75°09 "E na região ocidental da cordilheira dos Grandes Himalaias (Fig. 2.1 A, B). A cordilheira montanhosa do Parque Nacional faz parte da cordilheira do Grande Zansakar, com duas cristas íngremes, uma que nasce na barragem de Harwan, com picos de cerca de 2600 a 3000 metros acima do nível do mar (Fig. 2.3), e outra a nordeste de New Thead, que se eleva a 4100 metros acima do nível do mar (Mah-Dev), que constituem os limites naturais do famoso Parque Nacional de Dachigam. As dobras desta cordilheira formam uma série de ondulações que encerram ravinas estreitas e ravinas mais largas, denominadas "Nar". A área está sob a jurisdição civil dos distritos de Srinagar e Pulwama. A sua área pertence à província biogeográfica 2.38.12 (Himalayan Highlands) e à zona biogeográfica 2A. Fica a 21 km a nordeste de Srinagar, a capital de verão do Estado de Jammu e Caxemira, situada na cordilheira de Zabarwan dos Grandes Himalaias. O aeroporto e a estação ferroviária mais próximos ficam a 32 e 315 km de distância, respetivamente.

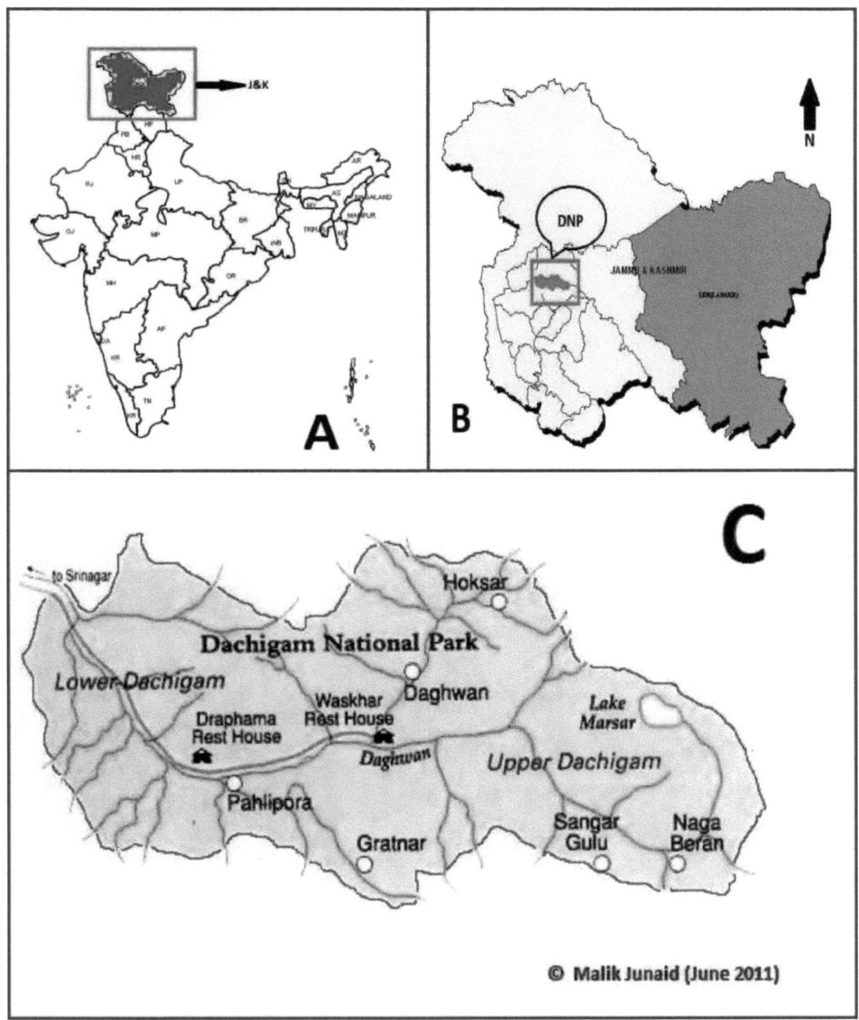

Fig. 2.1: Mapa da área de estudo

A. Localização da reserva natural de Dachigam na Índia **B.** Localização da reserva natural de Dachigam em J&K

C. Área de estudo em grande escala

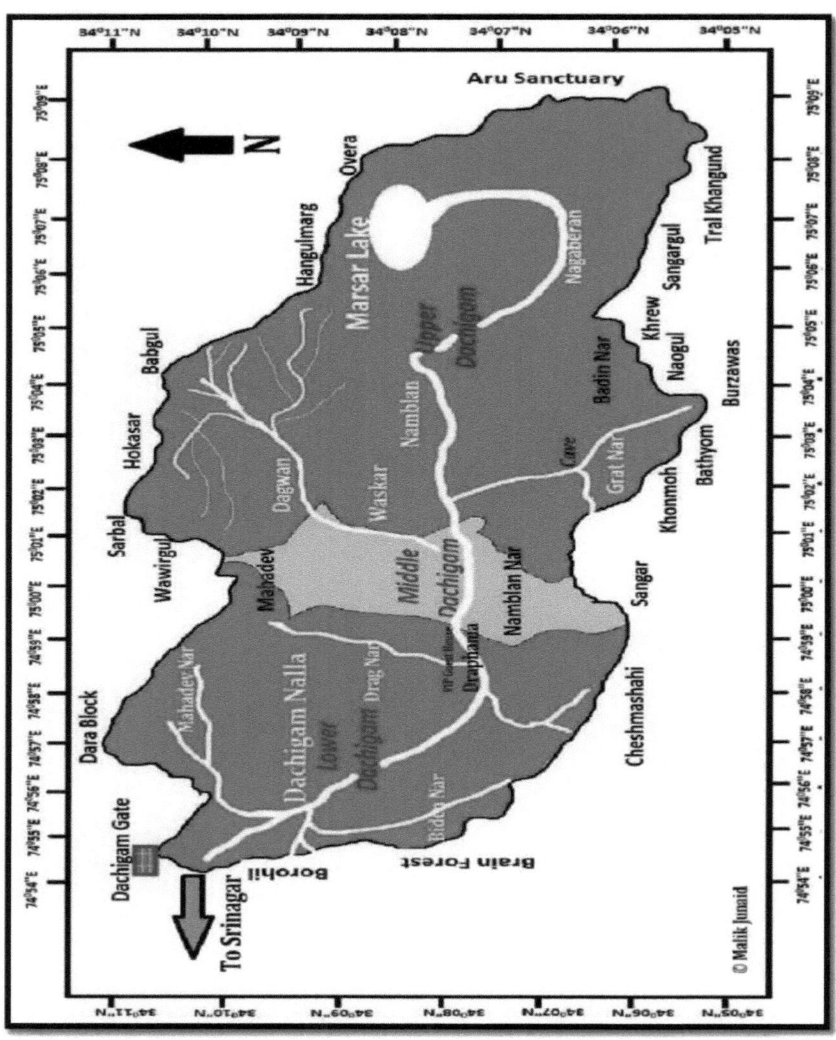

Fig. 2.2 : Vista geral da zona de estudo

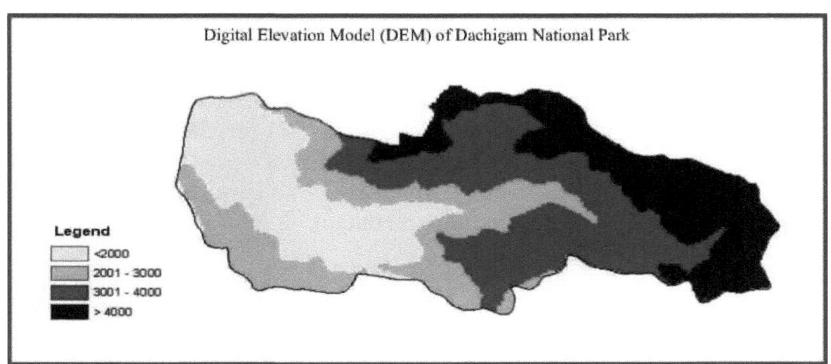

Fig. 2.3: Modelo digital de elevação do Parque Nacional de Dachigam (Fonte: JKDWP)

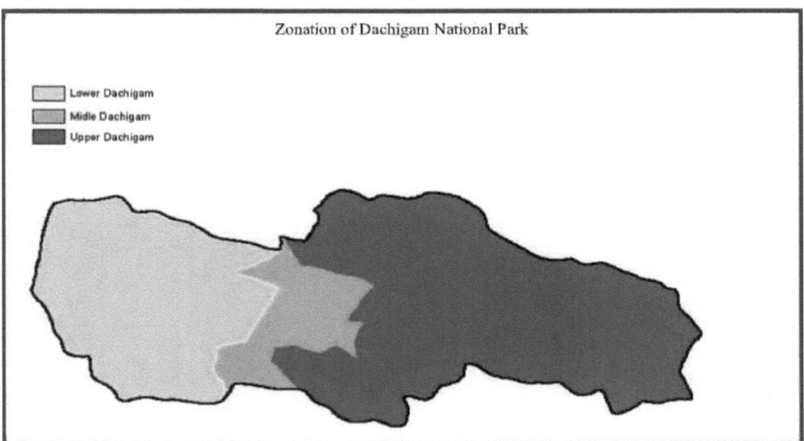

Fig. 2.4: Mapa das zonas administrativas do Parque Nacional de Dachigam (Fonte: JKDWP)

2.3 CONSTITUIÇÃO

O Parque Nacional de Dachigam foi uma reserva de caça ou "rakh" do marajá de Jammu e Caxemira durante muito tempo, de 1910 a 1947, após o que a sua gestão foi entregue ao Departamento de Hospitalidade e Protocolo (Departamento das Pescas, Direção da Conservação da Caça) e, posteriormente, ao Departamento das Florestas. Foi gerido pela secção de Vida Selvagem do Departamento Florestal e, mais tarde, Dachigam foi declarado santuário pela ordem estatal n. 276/C de 14-03-1951. (Holloway, 1971; Holloway e Wani, 1970). O santuário de vida selvagem de Dachigam foi elevado a Parque Nacional em 4 de fevereiro de 1981 (ordem estatal n.º FST/20) pelo Governo de Jammu e Caxemira. A gestão do parque nacional de Dachigam foi entregue ao recém-formado Departamento de Proteção da Vida Selvagem de Jammu e Caxemira em 1982, após a separação do Departamento Florestal. O parque está dividido em duas unidades administrativas, Lower e Upper Dachigam, que são administradas pela Divisão Central e Sul da Vida Selvagem, respetivamente. Atualmente, é gerido na categoria II da IUCN (Parque Nacional).

Atualmente, o Parque Nacional de Dachigam está rodeado por muitas reservas de conservação contíguas às suas fronteiras. Há muitas aldeias situadas na periferia de Dachigam onde a gestão da vida selvagem se tornou um desafio. Para uma melhor gestão do parque nacional, é necessário acrescentar novas zonas da divisão florestal de Sindh que proporcionem um habitat contíguo para animais selvagens como o urso preto, o leopardo e, sobretudo, o Hangul.

2.4 EXTENSÃO

O Parque Nacional de Dachigam tem uma forma aproximadamente retangular, com cerca de 22,5 Kms. de comprimento e 8 Kms. de largura. A área total do Parque Nacional de Dachigam é de 141 quilómetros quadrados. O Parque Nacional de Dachigam está dividido em duas zonas: Baixo e Alto Dachigam (Fig. 2.4). O Parque é gerido administrativamente por dois guardas da vida selvagem. A zona inferior de Dachigam está sob a jurisdição do Wildlife Warden Central, Caxemira, com sede em Harwan (Srinagar) e a zona superior de Dachigam é gerida pelo Wildlife warden South, com sede em Bijbehara, (Anantnag). O Regional Wildlife Warden / Conservator of forests (Wildlife), Região de Caxemira, desempenha funções de supervisão e gestão das actividades executadas pelo Wildlife Warden.

Nome da zona	Área Quilómetros quadrados	Data de notificação	Secção em que foi notificada
Dachigam Parque Nacional	141	4/ fevereiro/ 1981	Secção-35 da WPA de Jammu e Caxemira, 1978

(Fonte: JKDWP)

2.5 LIMITES

O Parque Nacional de Dachigam (NP) foi criado pela notificação governamental n. FST/20, de 4 de fevereiro de 1981, que descreve os limites de Dachigam. Os limites naturais do parque são dois cumes montanhosos íngremes, um originário do reservatório de água de Harwan, no lado sudoeste do parque, e o outro originário do lado de Dara/Khimber, com um gradiente de elevação de 2 600 a 3 000 m. Dachigam faz fronteira com o vale de Sindh a nordeste, Tarsar, Lidderwath, Kolhai do vale de Lidder e o santuário de vida selvagem de Overa-Aru no Extremo Oriente. A cordilheira de Tral, a sudeste, e Harwan, Brain e Nishat, a oeste e sudoeste (Kurt 1978). As fronteiras artificiais são demarcadas no terreno. Os pilares são necessários para manter a integridade da área e a aplicação da lei.

Não existe qualquer aldeia no interior do Parque Nacional de Dachigam, inicialmente notificado. No entanto, muitos departamentos governamentais estão a funcionar dentro do parque nacional. A área sujeita a interferência biótica começa no portão e vai até à casa de hóspedes VIP, em Draphama. A maior parte das infra-estruturas dos serviços públicos situa-se entre o portão de Dachigam e a casa de hóspedes VIP, Draphama. A zona de influência do Parque Nacional de Dachigam está identificada num raio de 10 km dos limites legais.

As principais comunidades da aldeia que se encontram na zona de influência são os caxemires e os gujjares. Estas comunidades dependem principalmente da horticultura para a sua subsistência. A comunidade Gujjars é a única comunidade tribal da zona. A agricultura e a horticultura são a sua principal atividade e criam gado como vacas, cabras e ovelhas para complementar a sua economia. A condição socioeconómica da comunidade Gujjar é pobre e esta também se dedica à recolha de lenha e de ervas das florestas reservadas.

2.6 INFRA-ESTRUTURA

Existem dois portões no Parque Nacional. A estrada principal de carroça do portão nº 1 para Pahlipora via Departamento de Pescas, Draphama e o Centro de Interpretação da Natureza (NIC). O portão n.º 2 de Pahlipora passa por Punzgam, Bidam e Kawnar. A entrada em ambos os portões é regulada por autorizações/passes emitidos em função das taxas de entrada pelo Regional Wildlife Warden, Kashmir Region. No interior do Parque Nacional existem outras explorações de criação de ovinos bem estabelecidas, o Departamento das Pescas, o Departamento das Obras Hídricas e o Departamento das Obras Públicas. As infra-estruturas existentes são as seguintes

Quadro 2.1: Infra-estruturas do PN de Dachigam

Tipo	Edifício	Número
Escritórios	Guarda da Vida Selvagem/ DFO	2
	Gamas	2
	Batida/ Sub-batida	3
	Casa de repouso / Dormitório	2+1
Alojamento do pessoal	Oficiais de campo	1
	Alojamento para o restante pessoal, incluindo a caserna	5
Biblioteca	-	1
Saúde	Dispensário	1
Acampamentos anti-caça furtiva	Permanente	2
Postes anti-pastoreio/ Naka	Temporário	3
Centro de Interpretação da Natureza	-	1

A sede do parque nacional situa-se no portão 1 do parque nacional de Dachigam. Existem duas gamas em Dachigam que são geridas por dois guardas da vida selvagem: O guarda da vida selvagem central e o guarda da vida selvagem sul. Existem muitos edifícios à disposição da direção do parque (Fig. 2.5) que são utilizados como

(i) Escritórios

(ii) Alojamento para Range Officer e Guardas

(iii) Casa de repouso.

O Parque Nacional de Dachigam tem uma pequena rede de estradas no interior do parque, que são reparadas anualmente após a época de inverno para as tornar transitáveis por jipes. Além disso, existem várias pontes de madeira e ferro e bueiros nestas estradas. Existem alguns centros de quarentena ou centros de salvamento no Parque Nacional de Lower Dachigam: Centros de Salvamento e Reabilitação de Leopardos e Ursos Negros Asiáticos.

O departamento tem uma casa de repouso em Panchgama que se destina apenas a reuniões oficiais. Para além da casa de repouso de Panchgama, existe um dormitório e cabanas verdes perto do NIC para investigadores, que estão ocupados pelas forças de segurança centrais.

Torres de vigia: As torres de vigia existentes situam-se nos seguintes locais:

- ❖ Torre de vigia **Drog**
- ❖ **Menu** torre de vigia
- ❖ Torre de vigia **de Reshwadri**
- ❖ Torre de vigia de **Lilchum**
- ❖ Torre de vigia de **GandKadal**

❖ Torre de vigia **Murkha**

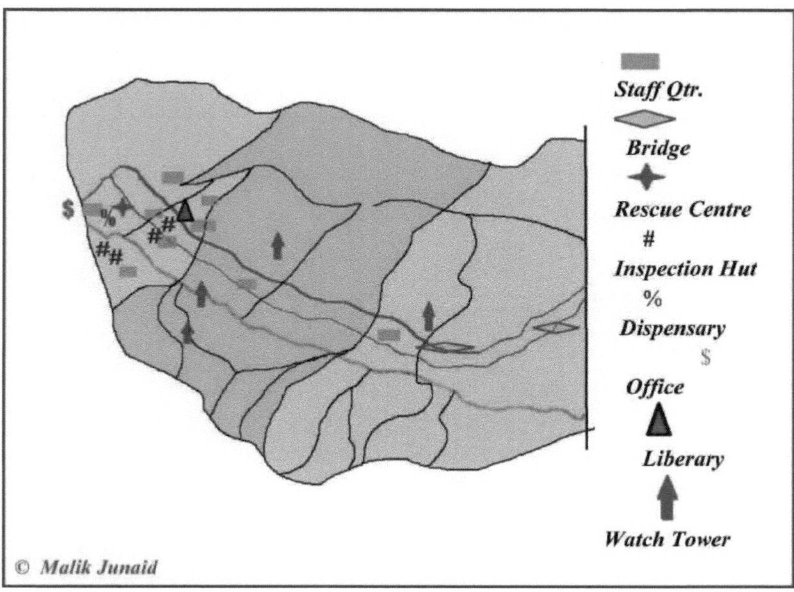

Fig. 2.5: Mapa das infra-estruturas do Baixo Dachigam

2.7 GEOLOGIA, ROCHAS E SOLOS

Toda a área do Parque Nacional de Dachigam é montanhosa e tem rochas cristalinas, como granito, filitos e xistos com pedra de cal incorporada. Estas formam o núcleo da cordilheira de Zanskar, uma dobra da qual circunda o Parque Nacional de Dachigam. A região de Khanmoh a Mahadeo é constituída por ardósias calacárias, xisto e calcário azul (Singh e Kachroo, 1976). O eixo cristalino do sistema dos Himalaias contém as rochas mais antigas e no flanco norte deste eixo cristalino encontram-se sedimentos fossilíferos de origem marinha. Godwin Austin (1896) e Lydekker (1876). A profundidade do solo em Dachigam, na encosta do curso inferior ao médio, é inferior a 25 cm, pelo que se insere na categoria de solos muito rasos (Bhat 1988).

2.8 CLIMA

2.8.1 Padrão e distribuição da precipitação

O clima em Dachigam é do tipo sub-mediterrânico com regime bi-xérico, com dois períodos de seca de abril-junho e setembro-novembro (Singh e Kachroo, 1977, 1978). A zona regista condições meteorológicas irregulares com uma variação considerável na quantidade de precipitação. A neve é a principal fonte de precipitação e, em algumas partes, derrete até junho. A precipitação anual mínima e máxima de Dachigam (Fig. 2.6) foi calculada entre 32 mm e 546 mm (Bhat, 1988).

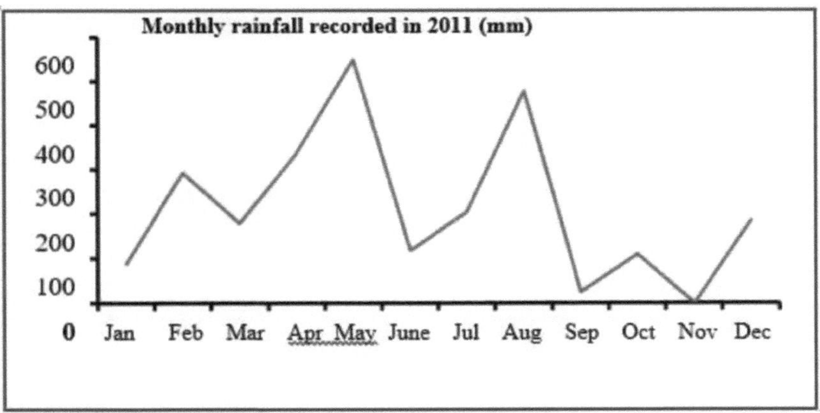

Fig. 2.6: Precipitação mensal registada na área de estudo

2.8.2 Temperatura sazonal; um resumo dos padrões ao longo do ano

O vale de Caxemira tem quatro estações distintas (Fig. 2.7, Tabela 2.2):

1) Estação da primavera:- A estação da primavera começa em março e prolonga-se até maio. Durante esta estação, as chuvas são abundantes e a temperatura aumenta gradualmente, o que provoca a fusão da neve. Nesta estação, a temperatura máxima média registada é de 18,9°C.

2) __Época_de_verão:- O período que se estende de junho a agosto é designado por época de verão. Durante esta estação, a temperatura máxima e mínima é mais elevada e há pouca precipitação. A temperatura média mínima e máxima registada durante esta estação é de 22,6° a 24,9°.

3) __Estação do outono: - Que dura de setembro a novembro e é bastante seca. As temperaturas nocturnas são muito baixas durante esta estação e, no final de novembro, a formação de geada é bastante comum. A temperatura média mínima e máxima registada durante esta estação é de 7,7°C a 21,5°C.

4) __Época de inverno: - A época de inverno começa em dezembro e prolonga-se até fevereiro. Durante esta estação, a temperatura desce abaixo de zero

e a precipitação recebida é principalmente sob a forma de neve. A temperatura média mínima e máxima registada durante esta estação é de 1,0°C a 3,5°C, respetivamente.

Tabela 2.2: Variação sazonal da temperatura

Época	Período	Temp. média (°C)	Duração (meses)
primavera	março-maio	9.6- 18.9	3
verão	junho - agosto	22.6- 24.9	3
outono	setembro - novembro	21.5- 7.7	3
inverno	Dez - Fev	1.0-3 .5	3

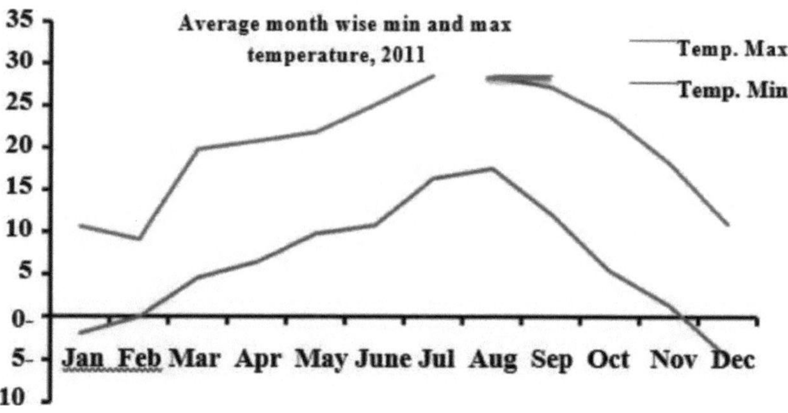

Fig. 2.7: Temperatura média mensal na área de estudo

2.9 DRENAGEM

O Parque Nacional de Dachigam é drenado por Dachigam Nalla, que tem a sua origem no lago Marsar e, depois de percorrer toda a bacia hidrográfica de Dachigam, desagua na barragem de Harwan. A bacia hidrográfica de Dachigam desagua finalmente no reservatório de Harwan. O Dachigam Nalla tem uma série de pequenos tributos que drenam o Parque Nacional e constituem a rede de drenagem do Parque Nacional de Dachigam. O comprimento total do Dachigam Nalla é de 30 km. A panorâmica do sistema de drenagem do Parque Nacional é apresentada nos quadros 2.3 e 2.4.

Quadro 2.3: Recursos hídricos naturais no Baixo Dachigam

S N.º.	Nome da nascente/ lago	Disponibilidade de água
1	Abchul Menu primavera	Ao longo do ano
2	Abchul Mahadev Spring	Ao longo do ano
3	Água NIC primavera	Ao longo do ano
4	primavera de Nambal	Ao longo do ano
5	Lago Mar Sar	Ao longo do ano

Quadro 2.4: Lista de rios/ Nallah no Parque Nacional de Dachigam

Bloco	Nome do rio/ Nallah	Disponibilidade de água
BLOCO DE DACHIGAM	Mahadev Nar	Sazonal
	Badin nar	Sazonal
	Narimulla nar	Sazonal
	Dachigam nar	Ao longo do ano
BLOCO DE PALHIPORA	Menu nar	Sazonal
	Drog nar	Sazonal
	Zahil nar	Sazonal
	Kaw nar	Sazonal
	Bran nar	Sazonal
	Yachigachi	Sazonal
	Malik nar	Sazonal
	Chandar nar	Sazonal
	Brimj nar	Sazonal
BLOCO SUPERIOR DE DACHIGAM	Gunas nar	Sazonal

2.10 VEGETAÇÃO

De acordo com a classificação biogeográfica sugerida por Rodgers *et al.* 2002, o Parque Nacional de Dachigam pertence à categoria 2A.

A parte inferior de Dachigam (1700-3250 m) alberga florestas mesófilas de folha larga de ácer (*Acer* sp.), amoreira (*Morus alba*), *Ulmus* spp, Noz (*Juglans regia*), *Hatab* (*Parrotiopsis jacquemontiana*), uma variedade de coníferas como Deodar (*Cedrus deodara*), Pinheiro azul (*Pinus wallichiana*), Abeto (*Picea smithiana*) e Abeto (*Abies pendrow*) (Singh e Kachroo 1987, Bano *et. al.* 1995, Ahmad *et. al.* 2002). A vegetação ribeirinha abaixo de 2.300 m de altitude é dominada por floresta de folhosas. Os principais arbustos são *Viburnum cotinifolium, Berberis lycium* e *Parrotiopsis jacquemontiana* (Singh e Kachroo 1987, Bano *et. al.* 1995). As zonas mais elevadas (acima de 3300 m) são constituídas por vegetação arbustiva de Bétula (*Betula utilis*) e *Rhododendron* spp. intercalada com prados (Bano *et al.* 1995), seguida de uma linha de neve permanente, que se situa acima dos 3500 m (Rodgers e Panwar 1988, Qureshi *et al.* 2009).

A floresta Tipos, cobertura e alimento para os animais selvagens

De acordo com a revisão de Champion e Seth (1968), a vegetação do Parque Nacional de Dachigam é tipicamente uma floresta temperada húmida dos Himalaias: floresta sub-albina e floresta alpina, podendo ser classificada nos seguintes tipos de floresta:

S.N.	Tipo de floresta
1.	Floresta caducifólia temperada húmida
2.	Matagal de Parrotia (pohu)
3.	Floresta de pinheiros azuis de baixo nível dos Himalaias ocidentais
4.	Floresta mista de coníferas ocidentais
5.	Matos alpinos de folha caduca
6.	Floresta sub-alpina de bétula-rododendro dos Himalaias Ocidentais
7.	Matos de zimbro anão
8.	Esfoliação seca temperada

Um estudo pormenorizado da estrutura da vegetação no Baixo Dachigam foi efectuado por Singh e Kachroo (1978) e Sharma *et al.*, 2009. A vegetação do vale é muito heterogénea. As espécies arbóreas, como *Ulmus wallichiana, Salix alba* e *Populus cilia*, encontram-se ao longo dos cursos de água. *Prunus armeniaca* encontra-se em zonas de mato aberto, e *Quercus rober* e *Robina pseudoacacia* em manchas puras distintas que mostram indícios de terem sido plantadas em campos agrícolas abandonados. As espécies arbustivas estão distribuídas de forma bastante homogénea por todo o vale. As espécies arbustivas comuns nas partes inferiores de Dachigam são quatro espécies de *Prunus*, duas espécies de *Rubus, Berberis, Vibernum e Rosa, Indigofera* e *Parrotiopsis* (Sharma *et al.*, 2007, 2009; Charoo *et al.*, 2010). A vegetação nos aspectos meridionais é caracterizada por encostas herbáceas com *Prunus armenica, Rosa webbiana* e *Rubus niveus*. As nullahs (ribeiras) têm uma cobertura arbórea razoável, incluindo espécies como *Aesculus indica* e *Juglans regia*. Os aspectos setentrionais apresentam uma maior cobertura arbórea e arbustiva com espécies como *Pinus griffithi, Aesculus indica, Prunus armenica* e *Parrotiopsis jacquemontiana* (Sharma *et al.*, 2007).

De acordo com a amostragem da vegetação de Dachigam efectuada pelo Departamento de Proteção da Vida Selvagem, Jammu e Caxemira, e com o estudo de campo, o Parque Nacional foi classificado nos seguintes tipos de floresta;

❖ **Floresta decídua temperada húmida** ❖ **Prados e matagais temperados**

❖ **Floresta de pinheiro-azul de baixo nível dos Himalaias** ❖ **Floresta mista de clima temperado médio**

> ❖ **Floresta mista de coníferas**

> ❖ **Floresta de bétula-rododendro sub-alpina dos Himalaias Ocidentais**

> ❖ **Floresta Alpina**

Floresta decídua temperada húmida

A floresta ribeirinha (placa 2.1) é o tipo de floresta confinado principalmente ao longo do principal Dachigam Nallah. Trata-se basicamente de um tipo de vegetação de sucessão que é ditado principalmente pelas condições eutópicas e climáticas locais. A comunidade vegetal deste tipo de floresta inclui as seguintes espécies de árvores de folha larga: *Morus alba, Morus nigra, Salix babyloniea, Populus alba, Acer caesium, Juglans regia, Ulmas lavigata, Rhus sp. e Corylus sp.* As espécies arbustivas dominantes neste tipo de floresta são *Rosa brunonii, Roubinia sp, Indigofera heterantha, Vibernum sp, Berberis sp.* O sub-bosque é constituído por *Alliaria so. Viola odorate, Geranium sp., Solenanthus cereinatus, Climatis grate, Vitis vinifera.* Este tipo de floresta situa-se nos gradientes de elevação de 1600m a 1900m e compreende quase 30% da área total de Dachigam.

Plantação de carvalhos: A plantação de carvalhos (Placa 2.2) é uma plantação de carvalho branco (carvalho inglês) plantada pelo Maharaja de Caxemira no início dos anos 60. O carvalho branco é uma espécie exótica que atualmente se tornou um dos habitats mais importantes para espécies como o urso negro asiático e o Hangul. A plantação de carvalhos é uma pequena mancha na floresta ribeirinha com cerca de 500 m2 de área. A bolota de carvalho é o alimento mais importante do urso preto na estação do outono (Sharma *et al.* 2010). O urso-negro-asiático costuma alimentar-se muito nesta mancha antes de entrar em hibernação ou dormir no inverno. As outras espécies de árvores presentes nesta mancha são o *Aesculus indica* e o *Morus alba.*

Prados e matagais temperados

Trata-se de vastas extensões de terrenos abertos, particularmente nas encostas viradas para sudoeste, entre 1 800 e 2 700 m (placa 2.3). Estas extensões abertas estão escassamente cobertas por matos de folha larga de folha caduca, incluindo *Parrotiopsis jacquemontiana, Prununs armenica, Celtis australis* e *Ulmus sp.* Este tipo de vegetação tem um grande número de espécies zerófitas como vegetação rasteira. Estas incluem *Indiofera heterantha, Rosa brunonii, Rosa webbiana, Lonicera quinqeloculares, Geranium nepalensis, Dipsacus mitis, Dactylis gloerate, Colochicum luteum, Stipa sibirica, Zizypus anathera, Fragaria verca, Kocleuria cristata.* Este tipo de vegetação é muito importante para o Hangul.

Floresta de pinheiro azul de baixo nível dos Himalaias

A floresta de pinheiros (placa 2.4) encontra-se e cresce nas encostas ao longo das vertentes norte e nordeste entre o reservatório de água de Harwan e Draphama. *O Pinus walichiana* é a conífera dominante que, por vezes, atinge os arbustos abertos e forma manchas. Nas zonas mais baixas, *o Pinus walichiana* tem muito pouca vegetação rasteira e o elemento herbáceo é constituído por *Lonicera quinquelocularis, Vibernum continifolium, Berberis lyceum, Rosa webbiana, Stipa sibirica, Artemesia vestita, Polygonum auplexicaule, Geranium wallichiana, Origanum normal,* etc. Em muitos locais, o pinheiro encontra-se associado a arbustos como *Rosa brunonii, Rhus succedanea, Parrotiopsis jacquementiana, Rosa webbiana, Prununs cerasifera, Creteagus monogyua, Berberis lyceum.* O pinhal distribui-se principalmente na faixa de altitude de 1.800 a 3.400 m em todo o Dachigam, em pequenas manchas.

Floresta mista temperada média

A floresta mista temperada média (Placa 2.5) está distribuída no gradiente de elevação de 1.800m a 2.400m. Neste tipo de floresta, as espécies arbóreas dominantes são *Juglans regia, Asculuas indica, Rus sp. Populus ciliata, Corylus colurna, Padus cornuta, Fraxinus floribunda, Taxus wallichiana.* Este tipo de floresta é muito importante para o urso preto e o hangul durante todo o ano. Compreende quase 20% da área total de Dachigam. As espécies arbustivas dominantes neste tipo de floresta são *Prunus sp., Berberis sp., Vibernum sp., Rosa webbiana,* etc.

Floresta mista de coníferas

Esta comunidade florestal distribui-se nas zonas de maior altitude, entre os 2.700 e os 3.400 m (Placa 2.6). Os pinheiros encontram-se distribuídos nas encostas abertas e expostas, enquanto *a Abies pindrow* está confinada a áreas mais pequenas, menos expostas à luz solar e ao longo dos cursos de água. As espécies arbóreas dominantes são *Cedrus deodara, Taxus wallichiana e Abies pindrow.* O pinhal ocorre em associação com espécies arbustivas como *Isodom plectranthoides, Indigofera heterantha e Rosa webbiana.* As pequenas manchas de abeto estão misturadas com *Rosa macrophylla e Viburnum grandiflorum.* Este tipo de floresta distribui-se principalmente na parte superior de Dachigam e este tipo de associação começa na zona de Waskhar, em ambos os lados do nallah principal de Dachigam.

Floresta sub-alpina de bétulas e rododendros dos Himalaias

A floresta de bétulas (Placa 2.7) encontra-se a uma altitude em que o abeto deixa de crescer, ou seja, acima dos 3.500 m, nalguns locais funde-se com o abeto branco e, mais acima, forma uma mancha pura. As espécies dominantes neste tipo de floresta são *Betula utilis, Rhododendron campanulatum, Syringa emodi, Lonicera 36audate36r, Rhododendron anthopogon, Juniperus recura* e as ervas dominantes que formam o coberto vegetal são *Anemone obtusiloba, Sieversia elata, Aster thomsonii, Iris hookeriana, Fragaria vesca e Stachys sericea.* Este tipo de floresta distribui-se perto da zona de Nagberan, no Alto Dachigam.

Pastagem alpina

Encontram-se nas zonas mais elevadas do Parque Nacional (placa 2.8) e situam-se em Mahadev wawirgul, Batagul, Hangalmarg, Marsar, Sangargul, Sarbal e

Pansalmarg. A parte superior de Dachigam está repleta de vastos prados sem crescimento de árvores, mas com uma luxuriante cobertura de ervas herbáceas. Estas pradarias distribuem-se nos gradientes de elevação de 3 400 a 4 100 metros. A área é desprovida de qualquer crescimento de árvores, enquanto as gramíneas alpinas e as ervas medicinais são comuns. Este tipo de floresta é muito importante para o Hangul, pois serve de área de distribuição estival. Os prados são compostos por ervas mesofíticas perenes com muito poucas gramíneas. Entre as ervas, destacam-se as espécies *Primula, Anemone, Fritillaira imperialis, Iris, Gentiana* e muitas espécies de *Rananculaceae, Cruciferae, Compositae e Caryophylaceae.*

Placa 2.1: Floresta Decídua Temperada Húmida

Placa 2.2: Habitat ribeirinho ao longo do principal Dachigam Nalla

Placa 2.3: Prados e matagais temperados

Placa 2.4: Mancha de carvalho

Placa 2.5: Floresta de pinheiro-azul de baixo nível dos Himalaias

Placa 2.6: Floresta mista de clima temperado médio

Placa 2.7: Floresta de bétula-rododendro sub-alpina dos Himalaias Ocidentais

Placa 2.8: Pastagens alpinas e lago Marsar (Alto Dachigam)

2.11 FAUNA

O Parque Nacional de Dachigam é dotado de uma rica biodiversidade ecológica de flora e fauna. É o habitat de um grande número de espécies pertencentes ao filo vertebrata. O filo dos vertebrados é representado por um grande número de aves, mamíferos e répteis. De acordo com o Departamento de Proteção da Vida Selvagem de J&K, existem cerca de 23 espécies de mamíferos (Quadro 2.5), 150 espécies de aves e 700 espécies de plantas no Parque Nacional de Dachigam.

O estado, a distribuição e o habitat dos invertebrados requerem estudos/observação no Parque. Não foi efectuado qualquer trabalho de investigação sistemático sobre invertebrados no Parque Nacional de Dachigam. No entanto, entre as serpentes de Dachigam, foram registadas três espécies de víboras, nomeadamente - A víbora dos Himalaias, a víbora de Leventine e a cobra-rato. Existem mais de 50 espécies de borboletas registadas em Dachigam. Não existem dados quantitativos sobre répteis, anfíbios e insectos.

2.12 A ZONA DE ESTUDO INTENSIVO

Foi selecionada uma área de estudo intensivo de 53 km^2 para o estudo da dinâmica populacional, em várias zonas de habitat do Parque Nacional. A seleção foi feita com base num levantamento de reconhecimento durante outubro-novembro de 2010. É representativa de toda a área de Dachigam, com uma vasta gama altitudinal, várias categorias de aspeto e declive e diferentes tipos de vegetação. A acessibilidade relativamente fácil e a presença dos animais de estudo em diferentes níveis antropogénicos são outras justificações para a seleção da área. A área intensiva incluía muitas zonas geográficas, nomeadamente Badin Nalla, Draphama, Reshwadri, Pahlipora, Drog, Manyu Nar, Namblan, Kaunar, Zahil,

Grat Nar, Hangalmarg e Nagaberan. A estrada é macadizada desde o portão de Dachigam até à Casa de Hóspedes VIP, Draphama, e as outras áreas só são acessíveis através de caminhos de acesso através de terreno acidentado ao longo da principal Dachigam Nalla (Fig. 2.1 C, 2.2). Segue-se a lista de mamíferos do Parque Nacional de Dachigam;

Quadro 2.5: Lista de controlo dos mamíferos do Parque Nacional de Dachigam

Nome comum	Nome científico	Estado	Utilização do habitat no DNP
Leopardo-comum	*Panthera pardus*	Quase ameaçado	Todo o DNP
Urso castanho dos Himalaias	*Ursus arctos isabellinus*	(não avaliado em)[t]	**Picos abertos do alto Dachigam (Dagwan a Nagberan)**
Urso preto asiático	*Ursus thibetanus*	Vulnerável	Colinas íngremes e arborizadas do baixo Dachigam
Gato leopardo	*Prionailurus bengalensis*	Menos preocupante	Através de DNP
Gato da selva	*Felis chaus*	Menos preocupante	Prados e matagais
Raposa vermelha	*Vulpes vulpes*	Menos preocupante	Áreas de floresta densa e arbustos
Chacal	*Canis aureus*	Menos preocupante	Através do Alto Dachigam
Lobo dos Himalaias	*Canis lupus*	Menos preocupante	Através de DNP
Serow	*Nemorhaedus sumatraensis*	(ainda não avaliado)	Gargantas densamente arborizadas
Hangul ou Cervo Vermelho de Caxemira	*Cervus elaphus hanglu*	Menos preocupante	**Baixa de Dachigam (Draphama, mancha de carvalho de Nagpur)**
Veado almiscarado dos Himalaias	*Moschus chrysogaster*	Em perigo	Florestas de bétulas acima da zona de pinheiros
Marta de garganta amarela dos Himalaias	*Martes flavigula*	Menos preocupante	**Florestas ribeirinhas, temperadas, subtropicais e tropicais (abaixo da linha das árvores)**
Fuinha dos Himalaias	*Mustela sibirca*	(ainda não avaliado)	Zonas abertas de Lower Dachigam
Marmota de cauda longa	*Marmota caudata*	Menos preocupante	Alto Dachigam
Porco-espinho indiano	*Hystrix indica*	Menos	**Pahlipora Rockey hills**

		preocupante	**(abertas e arborizadas)**
Lebre do rato dos Himalaias	*Ochotona roylei*	Menos preocupante	**Terrenos rochosos abertos, encostas íngremes em pinhal**
Langur comum	*Semnopithecus ajex*	(não avaliado em)[t]	Através do DNP (pinheiros e abetos)
Macaco Rhesus	*Macaca mullata*	Menos preocupante	**Florestas temperadas de coníferas, caducifólias secas, florestas mistas, mangais, matagais**
Ratazana de Royles	*Alticola roylei*	Quase ameaçado	Falésias rochosas de coníferas
Esquilo voador de Caxemira	*Hylopetes fimbriatus*	Menos preocupante	Florestas de coníferas
Lontra comum	*Lutra lutra*	Quase ameaçado	Através do rio Dagwan
Rato doméstico comum	*Rattus rattus*	Menos preocupante	Através de DNP
Marten de praia	*Martes foina*	Menos preocupante	**Alto Dachigam - Zonas temperadas e alpinas**
Mangusto comum	*Herpestes edwardsi*	(não avaliado em)[t]	Florestas abertas e matagais

CAPÍTULO 3: REVISÃO DA LITERATURA

3.1 LITERATURA SOBRE O HANGUL E O SEU HABITAT

O veado-vermelho da Caxemira, vulgarmente conhecido como hangul *Cervus elaphus hanglu,* o animal do Estado de Jammu e Caxemira, é uma espécie menos preocupante (IUCN 2012). A conservação desta espécie assume importância pelo facto de ser o único sobrevivente do grupo dos veados-vermelhos no subcontinente indiano. Antes de 1950, o veado era bastante abundante e distribuía-se amplamente nas montanhas de Caxemira (Schaller 1969). No entanto, após 1950, o declínio do número de hangul foi atribuído à caça furtiva em massa e à perda do seu habitat para a agricultura e a criação de gado. Atualmente, o único habitat do veado é o Parque Nacional de Dachigam (DNP) e as suas áreas adjacentes (Khursheed 2007). Sabe-se também que estão presentes no vale superior de Bringi (Holloway 1971), em Bandipora, Gurez, vale de Sindh, vale de Drass, vale de Lidder e Desu (sudeste de Srinagar) (Kurt 1978).

O declínio também se registou nesta região, pois de cerca de 2000 Hangul em 1947 (Gee 1966), apenas 140 a 170 sobreviveram em 1970 (Holloway 1970). O pastoreio, a caça furtiva e as perturbações devidas às actividades humanas foram identificados como os principais factores que afectam a recuperação do Hangul no Parque Nacional de Dachigam (Kurt 1978, 1979). Devido à declaração de Dachigam como Parque Nacional em 1981 e às medidas adoptadas para a sua reabilitação, o número de veados começou a aumentar consideravelmente. No entanto, o surto de militância em 1989 e a agitação política que se seguiu no Estado colocaram novamente os veados em grandes dificuldades. Os últimos exercícios de recenseamento efectuados pelo Departamento de Vida Selvagem de J&K entre 2004 e 2012 situam os números entre 150 e 220.

A razão sexual do hangul foi registada como sendo de 151 veados/100 corças durante o cio (Schaller 1969) e no período sem cio varia entre 15 e 25 veados/100 corças (Holloway 1970, 1971, Departamento de Proteção da Vida Selvagem 1996, 1997, 2000, 2001, 2002, 2003, 2004, 2005). O rácio sexual do hangul difere nas diferentes estações do ano devido à utilização diferenciada do habitat por ambos os sexos (Qureshi *et al.* 2009). O rácio jovens/traseiros foi estimado considerando todas as classes etárias dos traseiros devido à dificuldade em identificar a classe etária reprodutora dos traseiros. O rácio crias/cavalos em Hangul foi referido como variando entre 21-50 crias/100 corças durante fevereiro e março (Department of Wildlife Protection 1996, 1997, 2000, 2001, 2002, 2003). Schaller (1969) registou 45 juvenis/100 corças. As contagens de 2000 a 2010 indicam uma tendência decrescente (Department of Wildlife Protection 1996, 1997, 2000, 2001, 2002, 2003).

A cadeia de Hangul, em Caxemira, situa-se entre as cadeias montanhosas de Zanskar e Pir-Panjal. A outra subespécie de veado-vermelho, *Cervus elaphus wallichi (Shou),* que costumava ocorrer nas montanhas de Sikkim Oriental, está atualmente extinta. Hangul assume grande importância por ser o único sobrevivente do veado-vermelho no subcontinente indiano. Historicamente, a área de distribuição do Hangul restringia-se a um arco de 65 km de largura, a norte e a leste do Jhelum e do rio Chennab inferior, desde Shalurah, a norte, até Ramnagar, a sul (Lydekker 1927, Holloway 1970). A área efetivamente ocupada pelos Hangul no inverno era de 148 km2 , dos quais 84 km2 em Dachigam, 52 km2 nas zonas circundantes de Dachigam, na Divisão Central, e os restantes 13 km2 na Divisão Sul. O inquérito e as entrevistas sugerem que alguns hanguls continuam a permanecer fora de Dachigam durante todo o ano nas zonas de Gurez, Ajas, Bunakot, Bandipora, Kangan, Surpharo Baltal, Harmukh e Wangath (Qureshi *et al.* 2009). Os inquéritos de reconhecimento e as entrevistas efectuadas no Alto Dachigam (Leech Top até Gunas Nar) e nas florestas de Sindh sugerem a presença do Hangul. Na Divisão Norte, Changdaji tem um bom habitat com relatos da presença de Hangul (Qureshi *et al* 2009). Existia uma pequena população fora de Jammu e Caxemira, no distrito de Chamba, Himachal Pradesh (Lydekker 1924), que está atualmente extinta. A situação atual pode ser atribuída a uma interferência biótica em grande escala, à fragmentação e degradação do habitat. Na sua área de distribuição atual, uma população demograficamente viável de Hangul ocorre apenas no Parque Nacional de Dachigam (Qureshi et al. 2009).

Hangul distribui-se entre uma altitude de 1.700 m e 3.500 m. Esta área alberga florestas mesófilas de folha larga de ácer (*Acer* sp.), amoreira (*Morus alba*), *Ulmus* spp., *Rhus* spp, Noz (*Juglans regia*), Hatab (*Parrotiopsis jacquemontiana*), uma variedade de coníferas como Deodar (*Cedrus deodara*), Pinheiro azul (*Pinus wallichiana*), Abeto (*Picea smithiana*) e Abeto (*Abies pendrow*) (Singh e Kachroo 1987, Bano *et al.* 1995, Ahmad *et al.* 2002).

Um estudo recente de Sharma *et al.,* (2010) sobre a utilização do habitat do Hangul sugere que esta espécie apresenta uma mudança sazonal nos padrões de utilização, que pode estar associada a alterações na estrutura do habitat e a factores abióticos como a temperatura e a queda de neve. Alguns dos principais factores que afectam a utilização do habitat pelos ungulados nos Himalaias incluem a altitude, o aspeto, a inclinação, o tipo de habitat, a disponibilidade de alimentos - abundância e qualidade -, o terreno de fuga, a cobertura de fuga e a cobertura contra condições meteorológicas extremas e pressões bióticas. Verificou-se uma diferença significativa nos padrões de utilização do habitat pelo Hangul em Dachigam NP. No inverno e na primavera, o máximo de avistamentos e sinais foi registado no vale com áreas planas, que abrigam o Hangul do frio extremo e de fortes nevões na sua área de distribuição e satisfazem as necessidades alimentares, uma vez que se considera que o vale ou o ribeiro proporcionam um melhor abrigo. A utilização preferencial do habitat ribeirinho pelo Hangul no inverno e na primavera deve-se ao facto de o habitat ribeirinho estar próximo da água e de a gestão do parque lhe fornecer alimentos artificiais (salga). A deslocação da população de Hangul das altitudes superiores para as zonas de vale no inverno e na primavera pode ser atribuída às condições meteorológicas de frio extremo nas altitudes superiores. A preferência pelas encostas orientais e mais íngremes deveu-se ao facto de as encostas orientais ficarem mais expostas à luz solar, o que proporciona um alívio dos ventos frios e rigorosos. Mas no verão, o máximo de avistamentos e sinais de Hangul foi registado na faixa altitudinal de 2.500-2.700 m, devido ao facto de segregarem, ou seja, as fêmeas formarem grupos mais pequenos e os machos se separarem uns dos outros, estabelecendo uma hierarquia social e deslocando-se em áreas diferentes, o que é semelhante ao de outros veados-vermelhos. No verão, as encostas meridionais fornecem boas forragens, mas as zonas de vale são mais quentes e não são adequadas para o Hangul, pelo que este migra para zonas mais elevadas do PN de Dachigam. A disponibilidade e a qualidade da forragem em Dachigam variam sazonalmente, o que leva a alterações na dieta do Hangul entre as estações. O Hangul alimenta-se de forma generalista, tal como os outros veados-vermelhos, e a sua dieta é composta por gramíneas, ervas, cascas de árvores e forragens. A dieta do Hangul no inverno e no outono era maioritariamente composta por cascas de árvores (38,7%) e arbustos (25,8%), possivelmente como estratégia para complementar a sua dieta quando as outras forragens são escassas. No inverno, a dieta do Hangul tende a ser mais dependente da disponibilidade do que da sua seleção de forragem. Na primavera, a dieta dos Hangul era maioritariamente composta por forragens (46,7%). No verão, a dieta do Hangul era dominada por gramíneas e ervas (60%).

A atividade de cio ou reprodutiva começa no final de setembro e prolonga-se até à primeira semana de novembro. Os veados adultos, que podem ser encontrados em pequenos grupos no verão, tornam-se intolerantes uns com os outros e separam-se. O cio tem lugar no vale principal e ao longo das encostas do Baixo Dachigam (Fig.). O pico do cio ocorre de meados a finais de outubro (Bhat 2008, Kurt 1977, Schaller 1969).

A distribuição do Hangul em Dachigam NP mostra uma tendência sazonal: na primavera, o Hangul distribui-se nas florestas ribeirinhas inferiores de Dachigam, mas no verão o Hangul desloca-se para as zonas superiores de Dachigam, no Alto Dachigam. No outono e no inverno, o Hangul utiliza as zonas mais baixas e médias das florestas ribeirinhas, dos pinhais e dos prados, distribuindo-se em grupos nas altitudes mais baixas de Dachigam. O Hangul expande a sua área de distribuição durante os meses de verão, passando o período de meados de junho a meados de setembro a uma altitude de cerca de 3000. A maior parte das zonas altas do Dachigam, nomeadamente toda a parte superior do Dachigam, incluindo as zonas de Dagwan, Nagaberan e Marsar, é atualmente ocupada por vastos rebanhos de gado. As encostas meridionais do baixo Dachigam são suaves. Os seus cumes estão cobertos por florestas de coníferas ou prados que atraem veados e pastores das aldeias vizinhas. As encostas setentrionais do baixo Dachigam são encimadas por cumes semelhantes. Mas estas áreas foram dominadas por savanas artificiais e anteriormente utilizadas como áreas de alimentação por hangul durante as fortes quedas de neve nas encostas mais íngremes (Aziz et al. 2010).

A caça furtiva por parte dos Gujjars, Bakarwals e outros pastores, que levam o seu gado para o Alto Dachigam durante o verão, é a principal causa do declínio do Hangul (Stockley 1936, Gee 1965). Esta situação é agravada em Dachigam pela interferência biótica em grande escala devido ao pastoreio do gado do Departamento Estatal de Pecuária, que utiliza Dagwan, no Alto Dachigam, como pasto. Nas vastas áreas de Nageberan e Marser, milhares de ovelhas, cabras, cavalos e gado são pastoreados por pastores locais, gujjars de Caxemira, bem como por Bakarwals e Banyaris de Jammu. Esta situação criou potenciais concorrentes e fontes persistentes de perturbação para o Hangul durante o verão. A população de Hangul de Dachigam diminuiu de 3000 animais na década de 1940 para cerca de 200 em 1969, enquanto as ovelhas introduzidas em Dachigam NP em 1961 pelo Departamento Estatal de Criação de Animais aumentaram de 20 para cerca de 3000 durante o mesmo período. As ovelhas passam o verão no Alto Dachigam e o inverno no Baixo Dachigam (Kurt 1978).

O pastoreio continua a ser um fator limitante que impede o hangul de explorar plenamente o seu habitat. Durante os meses de verão, os prados alpinos são ocupados por grandes manadas de herbívoros nómadas e por ovelhas da Govt. Sheep Breeding Farm, Dachigam (Bhat 2008). Os prados alpinos são ricos em ervas de folhas largas que constituem a principal dieta dos veados durante o verão (Kurt 1977). Devido a esta enorme perturbação nas zonas superiores, os veados já não migram para estas áreas para se alimentarem e são forçados a utilizar habitats de forrageamento sub-óptimos (Bhat 2008, Khursheed 2007, Kurt 1978, 1979). Algumas zonas do alto Dachigam eram muito pastadas e propensas à erosão (Bhat 2008). Existe sempre um grande perigo de que os parasitas e as doenças dos ovinos se possam propagar aos veados (Longhurst et al. 1954).

A população Hangul foi afetada por doenças como a doença de Johne (Kurt 1978), a febre aftosa (Stockley 1936), a peste bovina, o carbúnculo bacteriano, a tuberculose, a febre catarral maligna e a brucelose em Dachigam. No passado, a febre aftosa tinha afetado o gado e o Hangul (Stockley 1936).

Iqbal *et al* (2005) registaram uma ocorrência de 25 por cento de Hangul nas fezes do leopardo, que contribuiu com 61 por cento da biomassa de presas consumida pelo leopardo. Este facto indica uma dependência substancial do leopardo em relação ao Hangul. Também existe a possibilidade de predação por outros carnívoros, como cães-pária, cães-pastor, chacais, ursos negros e outros carnívoros. Stockley (1936) descreveu os ursos pretos como "destruidores de vitelos/bezerros recém-nascidos", embora Kurt (1978) não tenha observado a predação de cervos de Hangul por ursos pretos. Há muitas ligações ecológicas em falta na compreensão da população de Hangul, que precisam de ser abordadas.

Preferências de alimentação

O exame micro-histológico das fezes do veado hangul (Shah et al. 2009) para identificação epidérmica foi enumerado por vários trabalhadores (Baugartsner & Martin 1939, Dusi 1949, Martin 1962, Stewart 1970, Sabnis 1981) e revelou que os principais componentes da dieta primaveril do hangul em Dachigam eram *Poa annua* (12%), *Hemerocallis fulva* (12%), *Hedera nepalensis* (10.7%), *Rosa* sp. (8%), *Berberis lyceum* (8%), *Bromus japonicas* (8%), *Parrotiopsis jacquemontiana* (8%). As ervas representaram 45,2% da dieta, os arbustos 24%, as gramíneas 20% e as trepadeiras 10,7%. Os principais factores que contribuíram para a dieta de verão foram *Poa annua* (14,3%), *Salix alba* (14,3%), *Morus alba* (9,5%), *Carex* sp. (9,5%), *Solanum nigrum* (9,5%) e *Portulaca oleracea* (9,5%). Tal como na dieta de primavera, os forbes foram os principais contribuintes com 42,7%, seguidos pelas árvores (38%), gramíneas (14,3%) e arbustos com 4,8%. No outono, os principais componentes da dieta incluíam *Indigofera* sp. (22,2%), *Rosa* sp. (13,9%), *Jasminum humile* (11,1%), *Quercus ruber* (11,1%), *Parrotiopsis jacquemontiana* (11,1%). Os arbustos representaram 75% da dieta, as árvores 19,4% e os forbes 5,6%. Os principais itens da dieta no inverno foram *Parrotiopsis jacquemontiana* (11,4%), *Quercus ruber* (10%), *49audat.* (8,6%), *Rosa* sp. (8,6%). As árvores representam 35,6%, os arbustos 28,6%, as forbes 21,3%, as gramíneas 8,6% e as trepadeiras 5,8%. O consumo de espécies arbustivas e arbóreas pelos veados aumenta durante o outono e o inverno, talvez como estratégia para complementar a sua dieta quando outras forragens são escassas (Shah et al. 2009).

3.2 LITERATURA SOBRE O VEADO-ALMISCAREIRO E O SEU HABITAT

Os veados almiscarados *Moschus* são animais evolutivamente primitivos que foram atualmente excluídos da família Cervidae e colocados na família Moschidae. Considera-se que sete espécies de Moschidae representam os veados vivos, mas existem mais espécies de veados almiscarados do que é geralmente admitido (Groves & Grubb 1987). Veado almiscarado de Anhui (*Moschus anhuiensis*) (China); Veado almiscarado dos Himalaias (*Moschus leucogaster*) (Butão, Índia, Nepal e China); Veado almiscarado da Sibéria (*Moschus moschiferus*) (Rússia, Cazaquistão, Quirguizistão, China, Coreia e Mongólia); Veado almiscarado da floresta (*Moschus berezovskii*) (China e Vietname); Veado almiscarado alpino (*Moschus chrysogaster*) (Afeganistão, China, Índia, Nepal e Paquistão); Veado almiscarado preto (*Moschus fuscus*) (Butão, China, Índia, Myanmar e Nepal); Veado almiscarado de Caxemira (*Moschus cupreus*) (Norte da Índia-Caxemira, Paquistão e Norte do Afeganistão). O veado almiscarado alpino (*Moschus chrysogaster*), que é o menos estudado dos animais semelhantes ao veado, é considerado uma espécie ameaçada. Consta do Anexo I da CITES (Convenção sobre o Comércio Internacional da Flora e da Fauna Ameaçadas de Extinção) e está classificado como ameaçado pela IUCN.

O veado almiscarado (*Moschus chrysogaster*) ocorre em pelo menos 13 países do Sul da Ásia, Ásia Oriental, Sudeste Asiático e partes orientais da Rússia. Na Índia, o veado almiscarado habita partes de Caxemira, Himachal Pradesh, a parte norte de Uttar Pradesh, Sikkim e Arunachal Pradesh (Green 1986). No Paquistão, está associado a matagais subalpinos, acima da floresta de coníferas, entre 3000 e 4000 m de altitude, em Machiara e no vale de Neelum do AJK, Indus Kohistan, Chitral, Astore, Chilas e Gilgit (Roberts 1997). O veado almiscarado alpino (*Moschus chrysogaster*) é um ruminante pequeno, solitário, tímido, críptico e primitivo, semelhante ao veado, que ocorre nas zonas florestais dos Himalaias, desde os 2500 m até à linha das árvores. O veado-almiscarado prefere terrenos rochosos nos níveis superiores da floresta e do mato entre 2200 e 4300 m (Schaller 1977). Lydekker (1891) afirma que os veados almiscarados raramente são encontrados abaixo dos 2100 m no verão e que se deslocam até aos limites da floresta.

Em Caxemira, a espécie foi localizada em florestas de *Abies pindrow, Betula utilis, Picea smithiana* e *Pinus griffithii* a 2300-3200 m. A espécie (atualmente *Moschus cupreus*) ocorre no Parque Nacional de Dachigam (Kurt 1978, Green 1986), Pir Panjal, vale de Kishanganga e bacia hidrográfica do rio Chenab (Ranjitsingh 1977). Green (1986) encontrou sinais recentes de veados almiscarados no Parque Nacional de Dachigam entre 2710-3110m e em Pir Panjal, entre 2530-2650m.

O veado almiscarado mede no máximo 55 cm de altura à altura do ombro e pesa entre 10 e 13 kg. O revestimento geral do corpo é castanho-acinzentado com marcas transversais pálidas indistintas no dorso. Os cascos, incluindo os dedos laterais, são longos e delgados. Green (1985) descreveu em pormenor os atributos físicos da espécie. A caraterística distintiva da espécie é a ausência de chifres e de glândulas faciais, a presença de vesícula biliar e de glândula caudal.

O veado almiscarado macho tem dentes caninos superiores longos, tipo sabre, que se projectam para baixo até 5,41 cm abaixo dos lábios (Kattel 1992). Nas fêmeas e nos juvenis, os caninos são pequenos e não são visíveis. A caraterística mais notável e única é o saco ou cápsula de almíscar que se desenvolve quando o macho atinge a maturidade sexual. Tradicionalmente, os veados-almiscarados são mortos para extrair a glândula almiscarada ou "cápsula", como é conhecida no comércio (Green 1986). O elevado valor do almíscar tem sido um incentivo para a caça ilegal de veados-almiscarados. O almíscar, uma substância oleosa gelatinosa com um odor forte e uma cor castanho-avermelhada, transforma-se numa massa pulverulenta quando seca e torna-se gradualmente preta. O almíscar natural é apreciado pela intensidade e persistência do seu aroma e, historicamente, tem sido utilizado como ingrediente em alguns dos melhores perfumes do mundo. O almíscar é muito apreciado devido às suas propriedades fixadoras e olfactivas. O muscon, o componente odorífero do almíscar, constitui cerca de 0,5-2,0%. O almíscar é utilizado como sedativo e estimulante para curar uma variedade de doenças (Pereira 1854, Mukerji 1953, Chupra 1958).

Embora solitários, usam latrinas comunitárias para defecar, ajudando a manter territórios separados (Qureshi *et al.* 2004). Encontram-se frequentemente latrinas mais pequenas num raio de 50 m dos seus locais de repouso diurno. O pico de utilização das latrinas é em dezembro, coincidindo com o pico estimado do cio (Green 1987). Nos Himalaias, o cio coincide normalmente com a época mais seca do ano. Para manter as suas fezes húmidas e malcheirosas durante a estação seca do outono, os veados almiscarados cobrem-nas frequentemente com terra, fezes velhas, folhas e quaisquer outros detritos disponíveis (Green 1987). As latrinas estão distribuídas por toda a área de vida. Há provas circunstanciais, com base em medições do peso dos pellets, de que a medida em que as latrinas são partilhadas pelos indivíduos corresponde ao grau de sobreposição entre as áreas de vida dos animais. Assim, mais do que marcadores de fronteiras, as latrinas são centros de comunicação que fornecem informações sobre a identificação, o paradeiro e talvez até a condição reprodutiva do(s) ocupante(s) de uma determinada área de vida ou de um conjunto de áreas de vida sobrepostas (Green 1987). Este veado é o mais pequeno dos ungulados dos Himalaias que vivem num ambiente frio (Kattle 1992).

[th]A maior parte da informação sobre a distribuição e os hábitos do veado almiscarado foi recolhida por caçadores e naturalistas amadores que começaram a explorar a região durante o século XX (por exemplo, Jerdon 1867, Sterndale 1884 e Blanford 1891). O conhecimento do século XX sobre o veado almiscarado dos Himalaias permaneceu fragmentário. A natureza anedótica de muita da literatura recente realça as dificuldades de estudar um animal tão esquivo e raro nas condições dos Himalaias. Está incluído na lista I da Lei indiana sobre a vida selvagem (proteção), de 1972 (Anon 1992). Outrora de distribuição contínua, está agora restrito a algumas bolsas isoladas nos Himalaias devido à caça furtiva em grande escala e à destruição extensiva do habitat (Green 1985, 1986, Sathyakumar *et al.* 1993, 1994). Green (1989) analisou a situação dos veados almiscarados em cativeiro no mundo entre 1959 e 1980. Sathyakumar *et al.* (1993) analisaram a situação dos veados almiscarados em cativeiro na Índia. As informações disponíveis sobre o veado almiscarado dos Himalaias baseiam-se em três estudos intensivos e em alguns inquéritos sobre a sua situação. Green (1985) investigou a população, o comportamento em termos de área, o padrão de atividade, a utilização do habitat, os hábitos alimentares e as relações ecológicas com outros ungulados no santuário de vida selvagem de Kedarnath. Kattel (1990) e Kattel & Alldredge (1991) estudaram a ecologia do veado-almiscareiro dos Himalaias no Parque Nacional de Sagarmatha, Nepal, utilizando radiotelemetria. Aspectos da ecologia do veado almiscarado que vive numa zona florestal do planalto Tibete-Qinghai foram investigados em 1988-90 por Harris e Guiquan

(1993) e estimou uma densidade de 2-3/km^2 . Sathyakumar (1994) estudou a população, a utilização do habitat e a situação do veado almiscarado dos Himalaias no santuário de vida selvagem de Kedarnath. Green (1985) referiu que a densidade de veados almiscarados era de 3,2/km^2 nas florestas subalpinas de Kedarnath WS, enquanto Sathyakumar (1994) a estimou em 3,7/km^2 na mesma zona de estudo. Existem informações sobre a situação do veado-almiscareiro nos inquéritos efectuados por Green (1978) no Parque Nacional de Langtang, Upreti (1979) no Parque Nacional de Sagarmatha, Gaston & Garson (1992) no Parque Nacional dos Grandes Himalaias e Sathyakumar (1993) no Parque Nacional de Nanda Devi. Todas as outras informações sobre o veado almiscarado são anedóticas (Schaller 1977, Dang 1968, Prater 1980 e Tak & Kumar 1987).

A utilização do habitat pode variar consoante a atividade, a hora do dia e a estação do ano, em resposta à disponibilidade de cobertura, alimento, abrigo e outras variáveis. Em Kedarnath WS, verificou-se que os veados almiscarados eram mais activos à noite, alimentando-se em habitats mais expostos, como os prados alpinos, a coberto da escuridão (Green 1985, 1987). Em Sagarmatha NP, Nepal, a maior parte da utilização da floresta de bétula-rododendro e do matagal de rododendro anão é feita no inverno, provavelmente devido à maior disponibilidade de alimentos (líquenes arbóreos em particular) nestes habitats durante esta estação (Kattel 1992).

Observações diretas e indirectas, utilizando a radiotelemetria, indicam que os veados almiscarados são animais solitários, passando a maior parte do tempo sozinhos. Em Kedarnath WS, os veados almiscarados só foram observados juntos uma vez, durante 151 observações e um período total de observação superior a 63 horas, ao longo de um período de estudo de três anos (Green 1985, 1987). Em Sagarmatha NP, Nepal, as fêmeas adultas foram por vezes observadas com crias no final do verão, e as fêmeas adultas e os machos foram normalmente observados juntos durante o cio (Kattel 1992). Estas diferenças entre estas duas populações estudadas podem refletir diferenças na densidade populacional. O comportamento solitário é típico de pequenos ruminantes florestais que dependem principalmente do olfato para comunicar. O contacto visual é dificultado pela natureza densa do habitat florestal ou arbustivo. Além disso, presume-se que a vocalização, como meio de comunicação a longa distância, seja incompatível com uma estratégia anti-predador que se baseia em permanecer discreto. Os sinais químicos estão fortemente desenvolvidos no veado-almiscarado. Os excrementos, a urina e, no caso dos machos, as secreções das glândulas musculares, caudais e interdigitais, são utilizados como marcas olfactivas (Green 1987). Nada se sabe sobre a glândula interdigital, exceto que se encontra nas patas dianteiras do macho (Pocock 1910), pelo que não será aqui considerada. **Veado almiscarado de Caxemira (*Moschus cupreus*)**

Nome local: *Kastura* (hindi), *Roos (3), Roos-kutt (ty* (caxemira)

O veado almiscarado de Caxemira *Moschus cupreus* foi originalmente descrito como uma subespécie do veado almiscarado alpino *Moschus chrysogastr,* e é muito semelhante ao veado almiscarado dos Himalaias *M. leucogaster,* mas Groves *et al.* (1995), seguido de Grubb (2005), sugeriu que poderia ser uma espécie separada. Por conseguinte, não foi efectuado qualquer estudo específico sobre esta espécie separada. Certas caraterísticas da espécie *Moschus cupreus* estão relacionadas de forma diferente com as outras espécies e, por conseguinte, favorecem o facto de se tratar de uma espécie separada (Mudasir-Ali 2008). Nada parece ser conhecido sobre o habitat ou a ecologia desta espécie, embora, com base na sua relação taxonómica próxima com *M. chrysogaster*, seja presumivelmente semelhante a essa espécie. Grubb (1993) estudou a árvore evolutiva do *Moschus cupreus* a nível filogenético e referiu que a família Moschidae de veados almiscarados era constituída por sete espécies com dois veados dos Himalaias: *Moschus chrysogaster* e *Moschus cupreus.* Referiu também que a época específica de acasalamento do *Moschus cupreus* é dezembro.

Esta espécie está registada no Anexo I da CITES e em perigo de extinção pela IUCN. Não se sabe ao certo que medidas de conservação existem para esta espécie, dada a sua ambiguidade taxonómica. O elevado valor das suas partes no comércio significa que a conservação exige uma atividade eficaz de combate à caça furtiva. É provável que ocorra em algumas áreas protegidas na Índia e no Paquistão.

O Governo do Afeganistão inscreveu *o M. cupreus* na lista de espécies protegidas do país, proibindo toda a caça e comércio desta espécie no Afeganistão.

Preferências de alimentação

A alimentação é um fator crucial que regula as populações animais (Klein 1985, Begon *et al.*1990). Conhecer a ecologia alimentar de uma espécie animal e, em especial, identificar os períodos de provável restrição nutricional é importante para a gestão e a modelação ecológica das populações animais (Begon *et al.* 1990).

Os cervos-almiscarados alimentam-se principalmente de concentrados, selecionando forragens (mais fetos) e folhas de plantas lenhosas (árvores e arbustos) durante todo o ano, evitando musgos e líquenes, bem como gramíneas durante todo o ano, exceto nos Invernos, quando selecionam gramíneas e também comem alguns líquenes (Green 1987). No inverno, quando há pouca neve no solo, os cervos-almiscarados raspam-na para chegarem aos musgos, líquenes, ervas e folhas que se encontram por baixo; e quando a neve é demasiado profunda, raspam os líquenes das árvores, arrancam os rebentos jovens ou até comem agulhas de pinheiro (Burton & Burton 1990). O cervo-almiscarado seleciona alimentos nutritivos de fácil digestão, ricos em proteínas e energia (açúcares) e pobres em fibras (Green 1987, Kattel 1992). Em Kedarnath WS, as forragens e as plantas lenhosas constituem a maior parte da dieta no verão e no inverno, respetivamente (Green 1987). Durante o inverno, quando os alimentos são escassos, os cervos-almiscarados sobrevivem com dietas de pior qualidade. Quando disponível, o veado-almiscarado pode passar a alimentar-se maioritariamente de líquenes arbóreos (*Usnea* spp.), que são pobres em proteínas mas ricos em energia facilmente fermentável e prontamente absorvida durante a digestão (Kattel, 1992). A folhagem perene, como o *Rhododendron campanulatum* (Green 1987), e os líquenes arbóreos podem ser as únicas plantas alimentares prontamente disponíveis durante o inverno, quando a neve pode ter um metro de profundidade. Os veados almiscarados também podem saltar para as árvores para se alimentarem (Kattel 1992). À medida que o inverno avança e a neve se torna mais profunda, a folhagem e os líquenes arbóreos tornam-se acessíveis a partir de níveis cada vez mais elevados nas árvores e arbustos. A alimentação no inverno é facilitada pela adaptação do veado-almiscarado à movimentação na neve. As suas garras de orvalho são maiores, ajudando a distribuir o seu peso corporal por uma maior área de superfície, minimizando assim o afundamento na neve macia e maximizando a sua vantagem competitiva sobre ungulados de tamanho semelhante. Panwar (1982), ao estudar o Baixo Dachigam, referiu que, no verão, a disponibilidade de alimentos se torna abundante e os veados dispersam, segregando-se em machos e fêmeas. Também referiu que a reprodução ocorre entre dezembro e janeiro e que as crias nascem em junho.

3.3 TÉCNICAS DE ESTIMAÇÃO DE DIETAS

A identificação da dieta dos herbívoros (ungulados) é mais complexa do que a dieta dos carnívoros (Putman 1984). Assim, é necessário um método fiável para medir a composição de espécies e a proporção de alimentos na dieta dos herbívoros (Fitzgerald e Waddington 1979). Foram utilizados vários métodos para identificar as dietas dos ungulados, incluindo a análise do conteúdo estomacal, a análise fecal, a observação direta e a monitorização da vegetação para encontrar ramos de vegetação (Sinclair & Smith 1984, Zimmer 2004). Atualmente, foi desenvolvido um método de análise de ADN que permite a identificação de espécies de plantas alimentares mesmo a partir de resíduos de fezes (Matsuki 2004). No entanto, todas as técnicas têm inconvenientes (Fitzgerald & Waddington 1979). A observação direta dos animais quando se alimentam não dá resultados precisos, nos habitats com grande diversidade de espécies de plantas, ao nível das espécies (Wallamo *et al.* 1973). A análise do conteúdo estomacal não é prática em animais vivos e o resultado pode não ser fiável, na medida em que algumas espécies de plantas são facilmente digeridas e envolvem uma parte da refeição (Westoby *et al.* 1976). A análise fecal é potencialmente um dos melhores métodos, mas a identificação dos fragmentos de plantas vistos ao microscópio é difícil (Fitzgerald & Waddington 1979).

Os estudos sobre a dieta dos herbívoros baseiam-se frequentemente no reconhecimento microscópico de fragmentos epidérmicos de plantas preservados nas fezes. A análise baseada em técnicas micro-histológicas geralmente assume que:

1. A epiderme vegetal suporta os processos de digestão, mantendo as suas caraterísticas microanatómicas quando excretada.

2. A quantidade de cada epiderme vegetal presente nas fezes é proporcional à quantidade ingerida da respectiva planta.

No entanto, sabe-se que o exame micro-histológico de material fecal tem algumas limitações na avaliação da dieta. Estas podem ser causadas por problemas relacionados com a digestão diferencial de diferentes espécies, resultando numa redução diferencial do tamanho das partículas ou pela deteção e reconhecimento diferencial sob observação microscópica (Holechek *et al.* 1982).

Apesar destas limitações, a análise fecal tem sido usada em todo o mundo por mais de 60 anos para determinar a dieta de diferentes herbívoros (Baumgartner e Martin 1939, Stewart 1970, Fraser e Gordon 1997).

No entanto, a determinação do número mínimo de pellets individuais necessários para obter uma estimativa adequada da dieta de uma determinada população de herbívoros tem recebido pouca atenção (Garcia-Gonzalez, 1992). A estratégia de amostragem geralmente utilizada envolve um esquema de amostragem em vários estádios ou em grupos, em que as unidades primárias de amostragem são grupos de pellets (defecações), as unidades de segunda fase são pellets individuais e as unidades de terceira fase são lâminas microscópicas, em que os campos individuais são analisados e os fragmentos de plantas individuais identificados. A quantidade de identificações de fragmentos por amostra varia tipicamente entre 100 e 400, e reconhece-se por vezes que, a partir de 200 identificações, as percentagens de espécies mudam apenas ligeiramente (Garcia-Gonzalez, 1992).

CAPÍTULO 4: ESTATUTO DOS MAMÍFEROS NA ZONA DE ESTUDO INQUÉRITO DE RECONHECIMENTO

Antes de iniciar o trabalho de campo propriamente dito, foi realizado um estudo preliminar exaustivo na zona durante os meses de outubro e novembro de 2010. O inquérito foi dirigido à população local, ao pessoal do Parque Nacional, aos pastores de ovelhas e aos pastores para recolher informações. A população local e o pessoal do Departamento de Vida Selvagem foram contactados sobre a presença de veados Hangul e almiscarados na zona. Durante este inquérito, foram avaliadas todas as informações relevantes sobre a distribuição, a atividade (diurna ou nocturna) e o tempo de alimentação ativa dos veados Hangul e almiscarado. Além disso, foram observadas as condições climáticas, a topografia, o tipo de vegetação e a cobertura das partes inferior e superior de Dachigam. Foram entrevistados residentes próximos das aldeias de Harwan, Dara, Nishat, Cheshmashahi e Tral para determinar a localização da evidência e da população de ungulados e o seu padrão de relógio biológico em relação ao dia e às estações do ano. As actividades nocturnas do veado de Hangul foram estudadas pelos funcionários do Parque Nacional e pela população local. A melhor altura para estudar a espécie foi identificada como sendo ao anoitecer e ao amanhecer, quando estão mais activos.

Durante o inquérito preliminar, foram observados veados hangul em algumas partes do Baixo Dachigam, especialmente nas manchas de carvalho. Assim, a totalidade da mancha de carvalhos e as partes principais do Baixo Dachigam foram consideradas como a principal área de estudo. Esta decisão baseou-se nas anteriores divisões do habitat de Dachigam efectuadas pelo Departamento (Plano de Gestão do Parque Nacional de Dachigam para 2011-2016). A área foi também examinada fisicamente para detetar a presença de alguns indícios indirectos da espécie, como pegadas, marcas de cascos, fezes, pêlos, etc. As zonas potenciais, que apresentam os indícios indirectos da presença de veados Hangul e almiscarados, confirmados pelas informações disponíveis junto da população local, foram então selecionadas para estudos mais aprofundados.

4.1 INTRODUÇÃO

A região indiana dos Himalaias é muito rica em termos de diversidade biológica devido à sua localização, clima e condições topográficas únicas. Sendo o ponto de encontro de dois reinos biogeográficos, a saber, o Oriental e o Paleártico, os Himalaias proporcionaram vários habitats que foram ocupados por muitas espécies primitivas e também por espécies recentemente desenvolvidas. A fauna de mamíferos constitui uma componente importante das formas de vida ricas e diversificadas dos Himalaias. Cerca de 65% das 372 espécies de mamíferos da Índia foram também registadas nos Himalaias (Ghosh 1996). Contudo, faltam ainda informações ecológicas sobre muitos destes mamíferos, o que é crucial para a conservação e gestão das espécies.

A maior ameaça à biodiversidade dos Himalaias deve-se ao aumento constante da população e a questões conexas. O Parque Nacional de Dachigam, situado nos Himalaias Ocidentais, é uma dessas zonas protegidas nos Himalaias Ocidentais, rica em biodiversidade, mas ameaçada pela população humana dentro e fora dela. Os conhecimentos disponíveis sobre os animais desta área baseiam-se em inquéritos sobre o estado dos animais realizados em 1979-1981 e 1991 (Gaston *et. al.*, Gaston & Garson 1992), cujo objetivo era obter informações de base sobre grandes mamíferos e aves. O presente estudo foi efectuado para recolher mais informações sobre o estado e a distribuição dos mamíferos na área.

4.2 OBJECTIVOS

Os objectivos do estudo são os seguintes

>Determinar o estado, a abundância relativa e a distribuição dos mamíferos no Parque Nacional de Dachigam.

>Recolher informações ecológicas sobre a fauna de mamíferos.

4.3 MÉTODOS

Foi realizado um trabalho de campo de novembro de 2010 a janeiro de 2013 na área de estudo. Com base no levantamento de reconhecimento efectuado no outono de 2010, foi realizado um estudo intensivo de determinados animais. Os ensaios existentes foram utilizados para recolher informações sobre os mamíferos. Durante o percurso do ensaio/transecto, foi efectuado um registo de todos os mamíferos, com exceção dos quirópteros (morcegos). O número de indivíduos do grupo, a sua atividade e os detalhes do habitat foram anotados. Foram também recolhidas todas as evidências indirectas, tais como excrementos, esporos, sinais de alimentação, etc. Os resultados foram também expressos em número/km de percurso ou em percentagem de ocorrência.

4.4 RESULTADOS

Foram registadas na zona vinte e cinco espécies de mamíferos, representativas de seis ordens: Primates, Carnivora, Artiodactyla, Insectivora, Rodentia e Lagomorpha, das quais apenas sete foram avistadas diretamente durante o período de estudo.

A. Primatas

Macaco Rhesus

Os macacos Rhesus foram encontrados frequentemente em zonas de floresta temperada inferior, especialmente abaixo dos 2000 m. O macaco Rhesus utilizava uma faixa altitudinal de 1400-3500m. Foi registado um total de 27 tropas na área. As taxas de encontros visuais foram mais elevadas na zona de ecodesenvolvimento do que na zona do Parque Nacional (Quadro 4.1). Os aldeões locais eram muito agressivos para com o macaco Rhesus e costumavam persegui-lo nos campos agrícolas.

Tabela 4.1: Taxas de encontro visual do macaco Rhesus no DNP

Alcance de altitude (m)	N	Taxas de encontro	
		Grupos/km	Indivíduos/km
< 2000	16	0.06	1.25
2000-3000	8	0.03	0.63
> 3000	3	0.01	0.07
Em geral	27	0.03	0.59

Langur cinzento dos Himalaias

O langur (*Semnopithecus*) é a mais abundante das seis espécies de macacos colobinos existentes no Sul da Ásia. Na Índia, das vinte e cinco espécies de primatas não humanos, o langur cinzento ou langur de Hanuman (*Semnopithecus entellus ajex*) é a espécie de primata mais amplamente distribuída. O langur cinzento dos Himalaias está incluído na lista II, parte I, da lei indiana sobre a proteção da vida selvagem, de 1972, alterada até 2002. Está incluído na lista vermelha da IUCN de espécies ameaçadas e criticamente em perigo. O langur cinzento dos Himalaias distribui-se em algumas partes da Caxemira ocupada pelo Paquistão, no Nepal e, na Índia, nos Grandes Himalaias da Caxemira (Roberts 1997). Historicamente, distribuía-se no vale de Chamba, no Parque Nacional dos Grandes Himalaias de Himachal Pradesh e, em Jammu e Caxemira, nas montanhas do vale de Chenab, no Parque Nacional de Kistwar e no Parque Nacional de Dachigam (Quadro 4.2). Os principais predadores no parque nacional de Dachigam são o leopardo-comum e o urso-negro-asiático (Iqbal *et al.*, 2005, Sharma *et al.*, 2009). O langur constitui uma proporção importante (cerca de 25%) da dieta do leopardo (Iqbal *et al.*, 2005) e constitui quase 3% da dieta do urso preto (Sharma *et al.*, 2009).

Os langures foram encontrados com muita frequência no Parque entre 1600-3550m. Foi encontrado um total de 21 bandos durante o período de estudo e as taxas de encontro foram mais elevadas nas altitudes médias de Dachigam (n=15). Foram observadas em altitudes muito mais elevadas (3550m), mesmo na neve, alimentando-se de folhas e cascas de carvalho. Em altitudes mais baixas (< 2500 m), foram observados a alimentarem-se de sementes de Aesculus (n=4). Foram observadas associações inter-específicas entre langures comuns e macacos rhesus.

Quadro 4.2: Taxas de encontro visual do langur cinzento dos Himalaias no DNP

Alcance de altitude (m)	N	Taxas de encontro	
		Grupos/km	Indivíduos/km
< 2000	4	0.01	0.25
2000-3000	15	0.06	1.35
> 3000	2	0.01	0.06
Global	21	0.04	0.56

B. *Carnívoros*

Leopardo comum

O leopardo-comum (*Panthera pardus*) foi avistado em 12 ocasiões durante o período de estudo e as evidências de leopardos foram obtidas entre as altitudes de 1350-3750m. Os avistamentos de leopardo ocorreram nas vertentes sul, sudeste, nordeste e noroeste. Embora os avistamentos diretos tenham sido baixos (n=2), as evidências indirectas mostraram (n=163) uma maior taxa de encontros de leopardos na área de ecodesenvolvimento (Tabela 4.3). A fácil disponibilidade de presas domésticas, como gado (cabras, ovelhas, bovinos, cavalos, mulas) e cães domésticos, pode ser uma razão para a maior taxa de encontros na área. A predação de leopardos sobre o gado foi registada na zona.

Tabela 4.3: Taxa de encontros do Leopardo-comum no DNP

Alcance de altitude (m)	N	Taxas de encontro	
		Avistamentos/100 km	Evidências/100 km
< 2000	2	1	47
2000-3000	8	2	26
> 3000	2	1	7
Em geral	12	1	24

C. Ursos

Urso negro asiático

O parque natural de Dachigam é conhecido por possuir uma das melhores populações de ursos negros (Sathyakumar 2001). A densidade populacional de ursos negros foi estimada como sendo elevada, tal como indicado nos dois estudos efectuados em Dachigam NP (Saberwal 1989, Charoo *et al.*, 2007).

O urso negro asiático foi encontrado apenas em 13 ocasiões durante o período de estudo. Foram observadas evidências indirectas, como fezes e sinais de alimentação, em todo o Parque, abaixo dos 3300m. As taxas de encontro (#/km) de ursos negros mostraram uma variação sazonal durante todo o período de estudo. Foi mais elevada no verão, seguida do outono, da primavera e do inverno. A distribuição e a disponibilidade de alimentos têm uma influência considerável no movimento e na atividade do urso preto. Os ursos negros foram mais encontrados no Baixo Dachigam entre os habitats ribeirinhos, carvalhos, temperados inferiores, mistos de pinheiros temperados inferiores, temperados médios, prados temperados e matagais (Quadro 4.4).

Tabela 4.4: Taxas de encontro do urso preto asiático no DNP

Alcance de altitude (m)	N	Taxas de encontro	
		Avistamento direto/100 km	Provas indirectas/100 km
< 2000	4	3	26
2000-3000	7	2	11
> 3000	2	1	4

Em geral	13	1	14

Urso castanho dos Himalaias

Os ursos pardos dos Himalaias (*Ursus arctos isabellinus*) foram avistados em sete ocasiões nos prados alpinos das zonas do Alto Dachigam. As suas fezes foram frequentemente encontradas nestas zonas durante a primavera e o outono. Todos os registos de ursos pardos foram obtidos entre 3200-4200 m de altitude (Quadro 4.5).

Quadro 4.5: Taxas de encontro do urso pardo dos Himalaias no DNP

Alcance de altitude (m)	N	Taxas de encontro	
		Avistamento direto/100 km	Provas indirectas/100 km
< 2000	0	0	4
2000-3000	2	1	11
> 3000	5	3	43
Global	7	1	18

D. Ungulados

Duas espécies de ungulados presentes na área são: o Hangul (*Cervus elaphus hanglu*) e o veado almiscarado de Caxemira (*Moschus cupreus*), que foram os principais animais estudados no Parque Nacional. Para além destes, existe outro ungulado, o Serow (*Nemorhaedus sumatraensis*), no Parque Nacional, mas são poucos em toda a área de estudo e não foram estudados. Um serow foi visto com uma manada de Hangul em outubro de 2011 perto de Oak Patch, Lower Dachigam.

O Hangul foi o mamífero mais frequentemente avistado e teve uma ampla distribuição entre 1700-3500m. O veado almiscarado foi encontrado na área acima de 2600m. Nos capítulos seguintes são apresentadas informações ecológicas pormenorizadas sobre estas duas espécies.

E. Outros animais

Para além dos grandes mamíferos acima referidos, Dachigam possui uma boa população de muitos pequenos mamíferos, incluindo a marta de garganta amarela dos Himalaias (*Martes flavigula*), o serow (*Nemorhaedus sumatraensis*), a doninha dos Himalaias, o lobo dos Himalaias (*Canis lupus*), raposa vermelha (*Vulpes vulpes*), chacal (*Canis aureus),* civeta indiana pequena (*Viverricula indica*), gato leopardo (*Felis bengalensis*), lontra comum (*Lutra lutra*), mangusto comum (*Herpestes edwardsi*) e marmota de cauda longa (*Marmota 62audate*). A marta de garganta amarela dos Himalaias (Martes *flavigula*) é comummente encontrada em florestas ribeirinhas e pinhais em zonas de Dachigam, principalmente na parte inferior de Dachigam. A raposa vermelha distribui-se na altitude média de Dachigam, principalmente em florestas mistas, prados temperados e nallahs. Não é avistada com frequência em altitudes mais baixas.

4.5 **DISCUSSÃO**

O Parque Nacional de Dachigam alberga pelo menos 23 espécies de mamíferos distribuídos entre 1700-4300 m de altitude (Quadro 2.5). O parque é mundialmente conhecido por albergar uma das melhores populações de urso negro asiático com elevada densidade ecológica na Ásia e a subespécie de veado vermelho Hangul. Constitui igualmente um habitat natural para um certo número de espécies ameaçadas e em perigo de extinção. O Parque Nacional de Dachigam é uma única bacia hidrográfica compacta no centro de Caxemira, que possui uma fauna e uma flora únicas e diversificadas. Dachigam ocupa quase metade da zona de captação do famoso Lago Dal e é a principal fonte de água da cidade de Srinagar. O parque nacional é importante na medida em que é a única zona do mundo onde existe a última população viável de veados vermelhos de Caxemira (Kashmir Stag ou Hangul). O Parque Nacional de Dachigam, com as reservas de conservação e os santuários de vida selvagem adjacentes, constitui a paisagem do Grande Dachigam, que alberga um elevado nível de biodiversidade. É um exemplo estupendo que representa e preserva processos ecológicos e biológicos significativos na forma de evolução e desenvolvimento de vários ecossistemas constituídos por várias comunidades de plantas e espécies animais. O parque nacional de Dachigam proporciona um habitat adequado para a conservação in situ de Hangul, que atualmente é uma espécie pouco preocupante e que necessita de atenção para a conservação de espécies de importância global, como o langur cinzento dos Himalaias, a marta de garganta amarela dos Himalaias, o urso preto asiático, o leopardo comum, etc.

CAPÍTULO 5: ESTIMATIVAS DA ABUNDÂNCIA E DA DENSIDADE:

5.1 INTRODUÇÃO

O tamanho e a estrutura da população de uma espécie numa área são decididos através da interação entre as potencialidades e/ou necessidades de uma espécie, como as exigências do habitat para alimentação e abrigo, o comportamento de grupo, a mortalidade e a natalidade. A população, sendo uma entidade viva, altera-se em diferentes graus em resposta à alteração das condições ambientais externas e, por conseguinte, é dinâmica. A dinâmica populacional incide, assim, nas alterações do número de indivíduos de uma espécie e na análise dos factores que afectam a dimensão e/ou os movimentos da população com relevância para uma determinada área. Conhecer o tamanho e a dinâmica da população de uma espécie ajuda a compreender o estado atual da população de uma espécie numa determinada área e também a visualizar as possíveis tendências futuras.

Nos Himalaias ocidentais, as informações existentes sobre a abundância de ungulados provêm principalmente de inquéritos (Schaller 1977, Gaston *et. al.* 1981, Fox *et. al.* 1988, Cavallini 1990 e Sathyakumar 1993) e de alguns estudos sistemáticos (Green 1985, Mishra 1993, Pendharkar 1993 e Sathyakumar 1994). O primeiro relatório sobre a densidade do veado almiscareiro foi efectuado por Green (1985) no santuário de vida selvagem de Kedarnath, seguido de Kattel (1990) no parque nacional de Sagarmatha. Sathyakumar (1994), no Santuário de Vida Selvagem de Kedarnath, comunicou a abundância e a densidade dos principais ungulados, nomeadamente goral, veado almiscarado, tahr dos Himalaias, veado que ladra, serow e sambar. Não foi efectuado qualquer estudo pormenorizado sobre ungulados de montanha no Parque Nacional, com exceção dos estudos sobre o veado-vermelho da Caxemira (Ahmad 2006 e Bhat 2008).

No presente estudo, procurou-se estimar a abundância e a densidade do veado-vermelho da Caxemira e do veado-almiscarado do Parque Nacional de Dachigam em várias estações do ano e ao longo dos gradientes de perturbações antropogénicas.

5.2 OBJECTIVOS

As seguintes questões foram abordadas neste estudo:

>Determinar a abundância e as estimativas de densidade do veado-vermelho e do veado-almiscarado de Caxemira no Parque Nacional de Dachigam.

>Determinação da técnica mais adequada e fiável para estimar a abundância e a densidade destas espécies de ungulados na zona.

5.3 MÉTODOS

O levántamento de reconhecimento da área de estudo, a seleção e a marcação de povoamentos/quadrats e a identificação de pontos de observação para o rastreio foram efectuados durante o mês de novembro de 2010. Isto incluiu a cobertura sistemática da área de estudo através do estabelecimento de povoamentos no habitat favorável potencial de ungulados, distribuídos no Parque Nacional de Dachigam. Foi estabelecido um total de 12 povoamentos no habitat potencialmente favorável de ambos os ungulados (Badin Nalla, Draphama, Reshwadri, Pahlipora, Drog, Manyu Nar, Namblan, Kaunar, Zahil, Grat Nar, Hangalmarg e Nagaberan). As caraterísticas dos povoamentos são apresentadas no quadro 5.1. Cada povoamento foi visitado e amostrado durante diferentes estações, entre 2010 e 2012, para estudos populacionais, independentemente da área potencial total do povoamento.

Foram adoptados os métodos básicos de supervisão visual com a ajuda de um telescópio, tal como explorados anteriormente por Fakhar-i-Abbas (2006) para o goral no Paquistão e por Sathyakumar (1993, 1994) para o tahr dos Himalaias e o veado almiscarado dos Himalaias no santuário de veados almiscarados de Keadrnath e no Parque Nacional dos Grandes Himalaias. No entanto, o presente estudo é efectuado com algumas alterações para o estudo da população. Para o efeito, foram cuidadosamente selecionados diferentes números de postos de observação e torres de observação adequados em cada área do povoamento, nalgum penhasco, com uma vista mais ampla e desobstruída, tendo em conta a dimensão da área do povoamento, a heterogeneidade do habitat e a conveniência. O número de animais presentes dentro do alcance visual do telescópio disponível (Optolith, 50X) foi diretamente contado. Foram registadas as tonalidades de cor do pelo, as caraterísticas dos chifres, do focinho e da cauda posterior da maioria dos indivíduos solitários ou de algum indivíduo proeminente da manada. Estes registos foram mantidos e utilizados para verificar possíveis contagens duplas dos indivíduos na área de amostragem. Tendo em conta a natureza crepuscular dos ungulados, as observações foram efectuadas de manhã (07:00 às 11:00) e ao fim da tarde (15:00 às 19:00). Para cada observação de mamíferos, foram registados a data e a hora, a espécie, o número, o sexo, o ângulo de observação, a distância de observação e a atividade do animal.

As informações sobre o número possível de ungulados (veado-vermelho de Caxemira / veado-almiscarado de Caxemira) que sobrevivem na sua área foram recolhidas junto da população local, pastores, caçadores e notáveis. A fiabilidade das informações foi verificada tendo em conta o estatuto do indivíduo, a sua exposição às zonas selvagens e o seu nível de instrução. Esta informação foi, no entanto, mantida como contra-verificação dos dados obtidos através de inquéritos no terreno. As informações recolhidas junto dos habitantes locais, embora se mantivessem geralmente próximas dos valores calculados, não foram utilizadas para as deduções gerais sobre os parâmetros populacionais.

A altitude foi medida com um GPS e também verificada com a toposheet do Survey of India da área de estudo. O declive foi medido numa escala de cinco pontos, *nomeadamente* 0,07-10°, 10-20°, 20-30°, 30-40° e 40-50°, por estimativa visual. As categorias de cobertura vegetal foram medidas numa escala de quatro pontos (0-25%, 26-50%, 51-75% e >75%) com base numa estimativa visual.

Taxa de encontro (ER)

A taxa de encontros (ER) é uma expressão normalizada do número de animais encontrados por unidade de esforço de observação. A taxa de encontros pode basear-se em avistamentos diretos ou em provas indirectas, como grupos de pellets e outros sinais, e ser apresentada como taxa por quilómetro ou por hora. Sathyakumar (1994) estimou a abundância de ungulados no Santuário de Vida Selvagem de Kedarnath através deste método. Do mesmo modo, Gaston *et al.* (1981) e Garson e G arson (1992) estimaram a abundância de mamíferos e faisões no Parque Nacional dos Grandes Himalaias, expressa em número de encontros/ 100 horas de busca. Os estudos efectuados por Ahmad (2006) no Parque Nacional de Dachigam, Gaston & Garson (1992), Sathyakumar (1994) no Santuário de Vida Selvagem de Kedarnath e Vinod & Sathyakumar (1999) no Parque Nacional dos Grandes Himalaias expressaram o ER dos principais ungulados em número de avistamentos/ hora de esforço. Os transectos do presente estudo passam por várias faixas altitudinais e o esforço de procura varia com a hora do dia e as estações do ano. Por conseguinte, a taxa de encontro do veado-das-galápagos no presente estudo foi expressa em número/km de caminhada. O número de animais avistados por hora varia consoante o tipo de terreno e a eficiência do observador. É aconselhável exprimir a ER em número/km percorrido.

Estimativas de densidade

A densidade populacional bruta foi calculada para cada posto de observação, dividindo o número de veados Hangul/veados almiscarados observados pela área do quadrado amostrado. Os valores da densidade para cada posto de observação e para a área total foram calculados através da média habitual. Os erros-padrão foram calculados com base nas densidades dos povoamentos.

Quadro 5.1: Caraterísticas dos povoamentos situados no Parque Nacional de Dachigam

N.º de ordem	Nome do stand/ localização	Área de amostragem (km)^2	Altitude (m)
1	Badin Nalla	5	1,600-1,900
2	Drafama	7	1,800-2,400
3	Reshwadri	5	1,800-2,400
4	Pahlipora	5	2,150-2500
5	Rã	4	1,950-2,600
6	Manyu Nar	5	1,900-2,400
7	Namblan	5	2,550-3,350
8	Kaunar	4	2,500-3,450
9	Zahil	4	2,700-3,100
10	Grat Nar	3	2,700-3,150
11	Hangalmarg	3	3,450-4,025
12	Nagaberan	3	4,000-4,100

5.4 RESULTADOS E DISCUSSÃO 5.4.1 Taxa de encontros

- Cervo vermelho de Caxemira

A taxa global de encontro do veado Hangul nos transectos de Badin Nalla, Draphama, Reshwadri, Pahlipora, Drog, Manyu Nar, Namblan, Kaunar, Zahil, Grat Nar, Hangalmarg e Nagaberan foi de 0.67, 1,36, 1,48, 0,59, 1,17, 1,84, 0,74, 0,92, 0,10, 0,28, 0,24 e 0,76 por km de caminhada, respetivamente (Quadro 5.2, Fig. 5.1). Não houve variação significativa na taxa anual de encontros para o Hangul na área (ver Quadro 5.4 e Fig. 5.3). As taxas de emergência de Hangul foram diferentes nas zonas mais perturbadas e menos perturbadas. A zona menos perturbada tinha uma taxa de ocorrência mais elevada. Verificou-se uma diferença significativa entre as estações na taxa de encontro de veados Hangul nos principais transectos. O inverno registou a taxa de encontro mais elevada, seguido da primavera, do outono e do verão, que registou a taxa mais baixa. Isto pode ser atribuído ao facto de os veados formarem grupos maiores durante o inverno, devido à baixa disponibilidade de áreas sem neve para se alimentarem. A taxa de encontro do veado de Hangul diminuiu durante a primavera, o outono e o verão. Durante estas estações, o animal podia dispersar-se por mais zonas sem neve; a água e a forragem eram abundantes e não restringiam os seus movimentos. Outra razão para a baixa taxa de encontros pode dever-se à temperatura ambiente mais elevada na primavera, no verão e no início do outono, o que teria levado o animal a restringir-se a zonas mais frescas (Dachigam superior), longe dos transectos. A maior taxa de encontros em zonas menos perturbadas sugere que o Hangul reage negativamente às perturbações humanas. Dado que os principais transectos do presente estudo são representativos dos habitats do veado Hangul no Parque Nacional de Dachigam, a ER global de 0,84/km pode ser considerada como a taxa de encontro do veado Hangul no habitat Hangul de Dachigam. No entanto, a ER global para o veado-campeiro nos transectos Drog, Reshwadri e Draphama do Parque Nacional de Dachigam foi de 1,79 hangul/km de caminhada (Qureshi *et al.* 2009), o que é ligeiramente superior à presente estimativa.

Tabela 5.2: Taxas de encontro sazonais (#/km de caminhada) para o veado Hangul na área de estudo (20112012)

Transecto	primavera (N=85)	verão (N=84)	outono (N=84)	inverno (N=96)	Global (N=349)
Badin Nalla	0.25	0.33	0.88	1.22	0.67
Drafama	1.50	1.13	1.12	1.72	1.36
Reshwadri	1.90	1.00	1.12	1.93	1.48
Pahlipora	0.35	0.46	0.66	0.92	0.59
Rã	1.10	1.27	1.22	1.12	1.17
Manyu Nar	1.92	1.64	1.84	1.96	1.84
Namblan	0.66	0.82	0.64	0.84	0.74
Kaunar	0.86	0.92	0.92	1.00	0.92

Zahil	0.22	0.20	0.00	0.00	0.10
Grat Nar	0.27	0.27	0.23	0.37	0.28
Hangalmarg	0.15	0.21	0.23	0.22	0.24
Nagaberan	0.79	1.13	0.92	0.20	0.76
Em geral	**0.83**	**0.78**	**0.81**	**0.95**	**0.84**

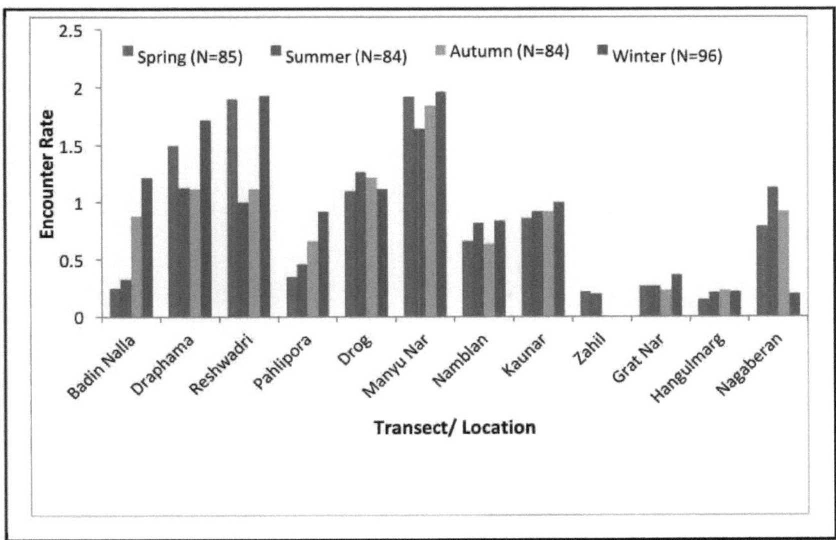

Fig. 5.1 : Taxas de encontro sazonais do veado-vermelho da Caxemira (Hangul) em diferentes locais do Parque Nacional de Dachigam.

- *Cervo almiscarado de Caxemira*

A taxa global de encontro de veados almiscarados nos transectos de Badin Nalla, Draphama, Reshwadri, Pahlipora, Drog, Manyu Nar, Namblan, Kaunar, Zahil, Grat Nar, Hangalmarg e Nagaberan foi de 0,17, 0,11, 0,32, 0,58, 0,05, 0,12,

0,74, 0,62, 1,14, 0,26, 0,16 e 0,83 por km de caminhada, respetivamente (Quadro 5.3, Fig. 5.2). Não se registaram variações significativas na taxa anual de encontros para o Hangul na zona (ver Quadro 5.4 e Fig. 5.3). As taxas de ocorrência de veados almiscarados foram diferentes em zonas mais perturbadas e menos perturbadas. A zona menos perturbada tinha uma taxa de ocorrência mais elevada. Verificou-se uma diferença significativa na taxa de encontro de veados almiscarados nos principais transectos entre as estações. A primavera teve a taxa de encontro mais elevada, seguida do verão, do outono e do inverno, que tiveram a mesma taxa. Isto pode ser atribuído ao facto de os veados formarem grupos maiores durante a primavera, devido à presença de alguma neve nas zonas superiores. A taxa global de encontros sazonais do veado almiscarado foi diferenciada durante o verão, o outono e o inverno. Durante estas estações, o animal podia dispersar-se por mais áreas; a água e a forragem eram abundantes e não restringiam os seus movimentos. A taxa mais elevada de encontros em zonas menos perturbadas sugere que o cervo-almiscarado reage negativamente às perturbações humanas. Uma vez que os transectos conspícuos do presente estudo são representativos dos habitats do veado almiscarado no Parque Nacional de Dachigam, a ER global de 0,43/km pode ser considerada como a taxa de encontro do veado almiscarado no referido habitat de Dachigam. No entanto, a ER global do veado almiscarado no Parque Nacional de Dachigam não foi observada anteriormente.

Tabela 5.3: Taxas de encontro sazonais (#/km de caminhada) para veados almiscarados na área de estudo (20112012)

Transecto	primavera (N=23)	verão (N=25)	outono (N=25)	inverno (N=37)	Global (N=110)
Badin Nalla	0.00	0.00	0.25	0.46	0.17
Drafama	0.00	0.00	0.25	0.20	0.11
Reshwadri	0.27	0.20	0.35	0.46	0.32
Pahlipora	0.46	0.35	0.60	0.92	0.58
Rã	0.00	0.00	0.00	0.20	0.05
Manyu Nar	0.20	0.00	0.00	0.25	0.12
Namblan	0.68	0.82	0.64	0.82	0.74
Kaunar	0.55	0.62	0.60	0.72	0.62
Zahil	1.42	1.53	0.96	0.62	1.14
Grat Nar	0.23	0.36	0.23	0.20	0.26
Hangalmarg	0.20	0.20	0.23	0.00	0.16
Nagaberan	1.23	0.96	0.90	0.20	0.83
Em geral	**0.44**	**0.42**	**0.42**	**0.42**	**0.43**

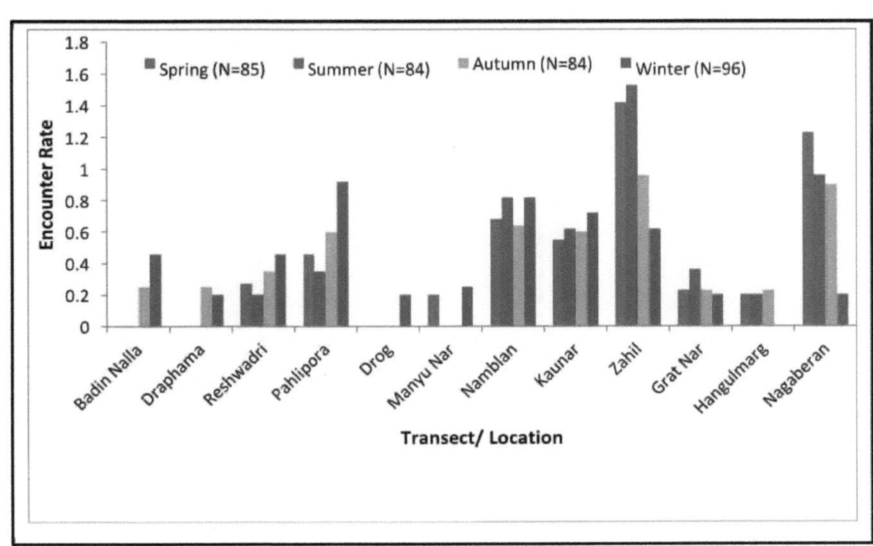

Fig. 5.2: Taxas de encontro sazonais do veado almiscarado de Caxemira em diferentes locais do Parque Nacional de Dachigam.

Tabela 5.4: Taxas globais/sazonais de encontros (#/km) de veado-japonês e veado-mateiro no Parque Nacional de Dachigam (2011)

Época	Taxa global de encontros	
	Cervo Hangul	Veado almiscarado
primavera	0.83	0.44
verão	0.78	0.42
outono	0.81	0.42
inverno	0.95	0.42
Em geral	**0.84**	**0.43**

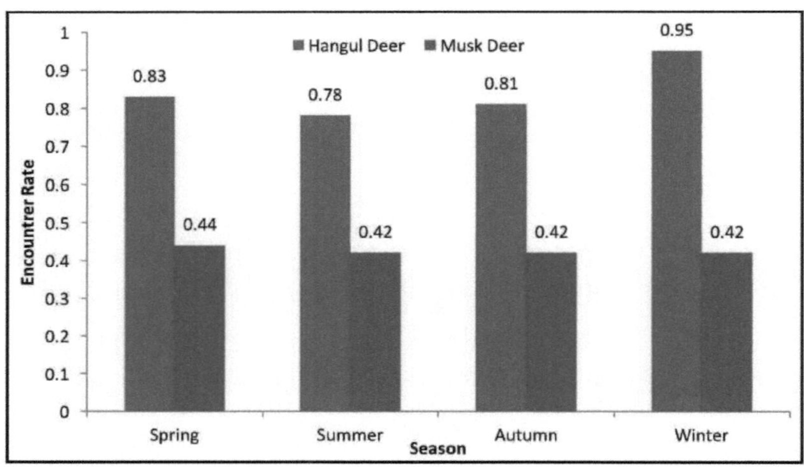

Fig. 5.3: Diagrama que mostra as taxas globais de encontros sazonais (#/km) de veado-japonês e veado-almiscarado no Parque Nacional de Dachigam (2011)

5.4.2 Abundância e densidade

O resumo dos dados disponíveis sobre a abundância, a distribuição e a densidade da população de veados-vermelhos e veados-almiscarados de Caxemira em diferentes povoamentos é apresentado nos quadros 5.5, 5.6, 5.7 e 5.8, em função das estações do ano.

- primavera

Table 5.5 sugere que, na primavera, a população de veados hangul e almiscarados se distribui por diferentes partes de Dachigam, com uma densidade populacional de 1,61 por km^2 e 0,44 por km^2 , respetivamente, em 53 km^2 do habitat potencial total amostrado. A densidade do hangul da primavera, em diferentes povoamentos estabelecidos no âmbito do presente estudo, varia entre 0,00 (3 povoamentos) e 4,60 por km^2 (Reshwadri). A densidade do veado-almiscarado, em diferentes povoamentos, varia entre 0,00 (5 povoamentos) e 1,25 (Zahil, Upper Dachigam). A densidade populacional da espécie é diferente em diferentes áreas/locais de habitat (Fig. 5.4).

A densidade mais elevada de veados de Hangul foi registada em Reshwadri (4,60/km^2), seguida de Draphama (2,71/km^2), Drog (2,00/km^2), Pahlipora (1,80/km^2), Kaunar (1,75/km^2), Badin Nalla (1,60/km^2) e a densidade mais baixa foi registada em Hangalmarg (0,33/km^2).

A densidade mais elevada de veados almiscarados foi registada em Zahil (1,25/km^2), seguida de Nagaberan (1,00/km^2), Kaunar (1,00/km^2), Pahlipora (0,80/km^2) e a densidade mais baixa foi registada em Grat Nar (0,33/km^2).

Quadro 5.5: Abundância e densidade populacional (por km^2) de ungulados em Dachigam durante a primavera

Localidade/ Estande	Área amostrada (km)^2	Veado de Hangul		Veado almiscarado	
		Não. Observado	Pop. Densidade (por km)^2	Não. Observado	Pop. Densidade (por km)^2
Badin Nalla	5	8	1.60	0	0
Drafama	7	19	2.71	0	0
Reshwadri	5	23	4.60	0	0
Pahlipora	5	9	1.80	5	0.80
Rã	4	8	2.00	0	0
Manyu Nar	5	7	1.40	0	0
Namblan	5	3	0.60	2	0.40
Kaunar	4	7	1.75	4	1.00
Zahil	4	0	0	5	1.25
Grat Nar	3	0	0	1	0.33
Hangalmarg	3	1	0.33	3	0.66
Nagaberan	3	0	0	3	1.00
TOTAL	53	85	1.61	23	0.44

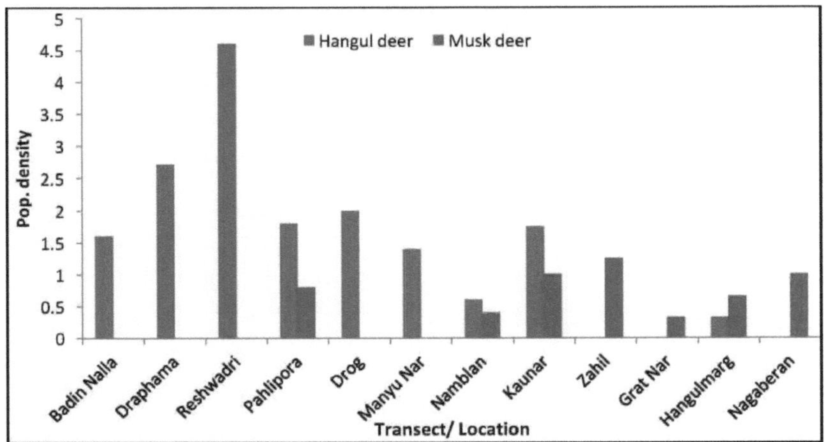

Fig. 5.4: Diagrama que mostra a densidade populacional (por km^2) de Ungulados em Dachigam durante a primavera

- verão

Table 5.6 sugere que, no verão, a população de veados hangul e almiscarados se distribui por diferentes partes de Dachigam, com uma densidade populacional de 1,58 por km^2 e 0,48 por km^2 , respetivamente, em 53 km^2 do habitat potencial total amostrado. A densidade de hangul de verão, em diferentes povoamentos estabelecidos no âmbito do presente estudo, varia entre 0,00 (1 povoamento) e 3,80 por km^2 (Reshwadri). A densidade do veado almiscarado, em diferentes povoamentos, varia entre 0,00 (3 povoamentos) e 1,25 (Zahil, Upper Dachigam). A densidade populacional da espécie é diferente em diferentes áreas/locais de habitat (Fig. 5.5).

A densidade mais elevada de veados Hangul foi registada em Reshwadri (3,80/km^2), seguida de Draphama (2,42/km^2), Pahlipora (2,00/km^2), Badin Nalla (1.80/ km^2), Manyu Nar (1,60/ km^2), Kaunar (1,00/ km^2), Drog (0,44/ km^2), e a densidade mais baixa foi registada em Nagaberan (0,33/ km^2).

A densidade mais elevada de veados almiscarados foi registada em Zahil (1,25/km^2), seguida de Pahlipora (1,20/km^2), Nagaberan (1,00/km^2) e a densidade mais baixa foi registada em Manyu Nar (0,20/km^2).

Quadro 5.6: Abundância e densidade populacional (por km^2) de ungulados em Dachigam, durante o verão

Localidade/ Estande	Área amostrada (km)^2	Cervo Hangul		Veado almiscarado	
		N.º Observado	Pop. Densidade (por km)^2	N.º Observado	Pop. Densidade (por km)^2
Badin Nalla	5	9	1.80	0	0
Drafama	7	17	2.42	0	0
Reshwadri	5	19	3.80	1	0.20
Pahlipora	5	10	2.00	6	1.20
Rã	4	9	0.44	0	0
Manyu Nar	5	8	1.60	1	0.20
Namblan	5	4	0.80	2	0.40
Kaunar	4	4	1.00	3	0.75
Zahil	4	0	0	5	1.25
Grat Nar	3	1	0.33	2	0.66
Hangalmarg	3	2	0.66	2	0.66
Nagaberan	3	1	0.33	3	1.00
TOTAL	53	84	1.58	25	0.48

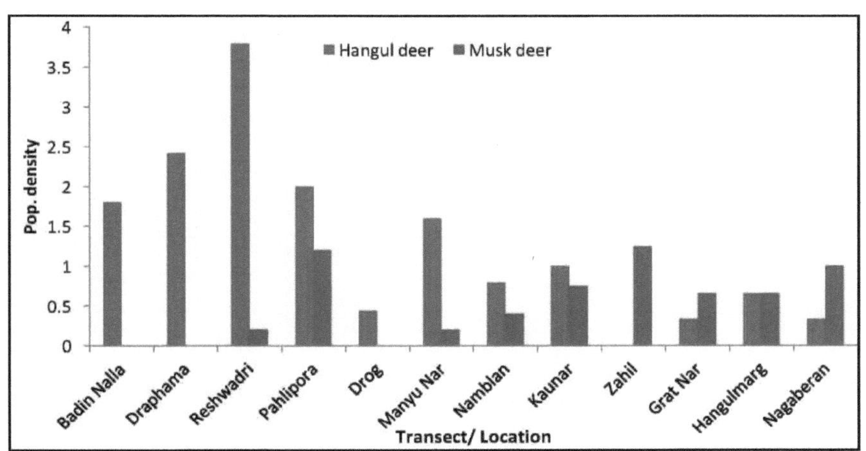

Fig. 5.5: Diagrama que mostra a densidade populacional (por km^2) de Ungulados em Dachigam durante o verão

- *outono*

O quadro 5.7 sugere que, no outono, a população de hangul e de veado almiscarado se distribui por diferentes partes de Dachigam, com uma densidade populacional de 1,58 por km^2 e 0,48 por km^2 , respetivamente, em 53 km^2 do habitat potencial total amostrado. A densidade do hangul de outono, em diferentes povoamentos estabelecidos no âmbito do presente estudo, varia entre 0,00 (4 povoamentos) e 5,20 por km^2 (Reshwadri). A densidade do veado almiscarado, em diferentes povoamentos, varia entre 0,00 (4 povoamentos) e 1,50 (Zahil, Upper Dachigam). A densidade populacional da espécie é diferente em diferentes áreas/locais de habitat (Fig. 5.6).

A densidade mais elevada de veados Hangul foi registada em Reshwadri (5,20/ km^2), seguida de Draphama (3,14/ km^2), Drog (2,00/ km^2), Badin Nalla (2,00/ km^2), Pahlipora (1,80/ km^2), Manyu Nar (1,00/ km^2) e a densidade mais baixa foi registada em Namblan (0,20/ km^2).

A densidade mais elevada de veados almiscarados foi registada em Zahil (1,50/km^2), seguida de Kaunar (1,50/km^2), Pahlipora (1,00/km^2), e a densidade mais baixa foi registada em Nagaberan (0,66/km^2) e Manyu Nar (0,20/km^2).

Quadro 5.7: Abundância e densidade populacional (por km^2) de ungulados em Dachigam, durante o outono

Localidade/ Estande	Área amostrada (km)^2	Veado de Hangul		Veado almiscarado	
		N.º Observado	Pop. Densidade (por km)^2	N.º Observado	Pop. Densidade (por km)^2
Badin Nalla	5	10	2.00	0	0
Drafama	7	22	3.14	0	0

Reshwadri	5	26	5.20	0	0
Pahlipora	5	9	1.80	5	1.00
Rã	4	8	2.00	0	0
Manyu Nar	5	5	1.00	1	0.20
Namblan	5	1	0.20	2	0.40
Kaunar	4	3	0.75	6	1.50
Zahil	4	0	0	6	1.50
Grat Nar	3	0	0	1	0.33
Hangalmarg	3	0	0	2	0.66
Nagaberan	3	0	0	2	0.66
TOTAL	**53**	**84**	**1.58**	**25**	**0.48**

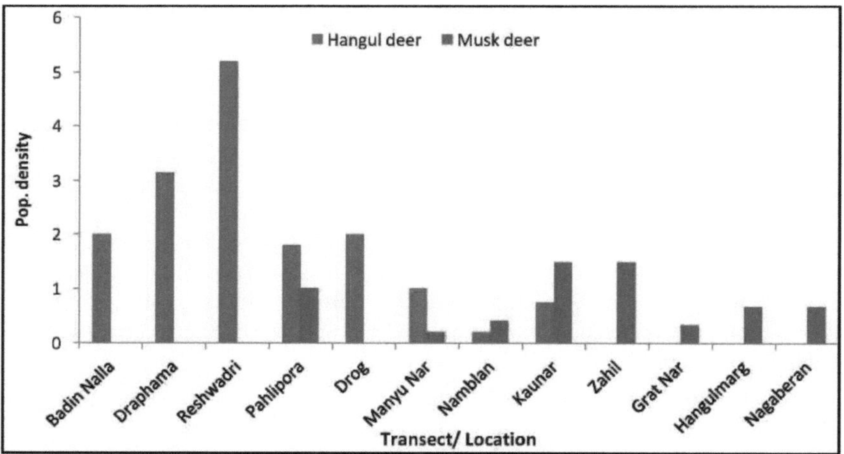

Fig. 5.6: Diagrama que mostra a densidade populacional (por km^2) de Ungulados em Dachigam durante o outono

- *inverno*

O quadro 5.8 sugere que, no inverno, a população de hangul e de veado almiscarado se distribui por diferentes partes de Dachigam, com uma densidade populacional de 1,82 por km^2 e 0,70 por km^2 , respetivamente, em 53 km^2 do habitat potencial total amostrado. A densidade do hangul de inverno, em diferentes povoamentos estabelecidos no âmbito do presente estudo, varia entre 0,00 (4 povoamentos) e 4,40 por km^2 (Reshwadri). A densidade do veado almiscarado, em diferentes povoamentos, varia entre 0,00 (2 povoamentos) e 1,60 (Pahlipora). A densidade populacional da espécie é diferente em diferentes áreas/locais de habitat (Fig. 5.7).

A densidade mais elevada de veados Hangul foi registada em Reshwadri

(4,40/km^2), seguida de Drog (3,00/km^2), Draphama (2,57/km^2), Pahlipora (2.40/ km^2), Badin Nalla (2,20/ km^2), Manyu Nar (2,00/ km^2), Kaunar (1,75/ km^2) e a densidade mais baixa foi registada em Namblan (0,80/ km^2).

A densidade mais elevada de veados almiscarados foi registada em Pahlipora (1,60/km^2), seguida de Zahil (1,50/km^2), Nagaberan (1,33/km^2), Grat Nar (1,33/km^2), Hangalmarg (1,00/km^2) e a densidade mais baixa foi registada em Draphama (0,28/km^2).

Quadro 5.8: Abundância e densidade populacional (por km^2) de ungulados em Dachigam, durante o inverno

Localidade/ Estande	Área amostrada (km)^2	Cervo Hangul		Veado almiscarado	
		N.º Observado	Pop. Densidade (por km)^2	N.º Observado	Pop. Densidade (por km)^2
Badin Nalla	5	11	2.20	0	0
Drafama	7	18	2.57	2	0.28
Reshwadri	5	22	4.40	2	0.40
Pahlipora	5	12	2.40	8	1.60
Rã	4	12	3.00	2	0.50
Manyu Nar	5	10	2.00	0	0
Namblan	5	4	0.80	2	0.40
Kaunar	4	7	1.75	4	0.57
Zahil	4	0	0	6	1.50
Grat Nar	3	0	0	4	1.33
Hangalmarg	3	0	0	3	1.00
Nagaberan	3	0	0	4	1.33
TOTAL	53	96	1.82	37	0.70

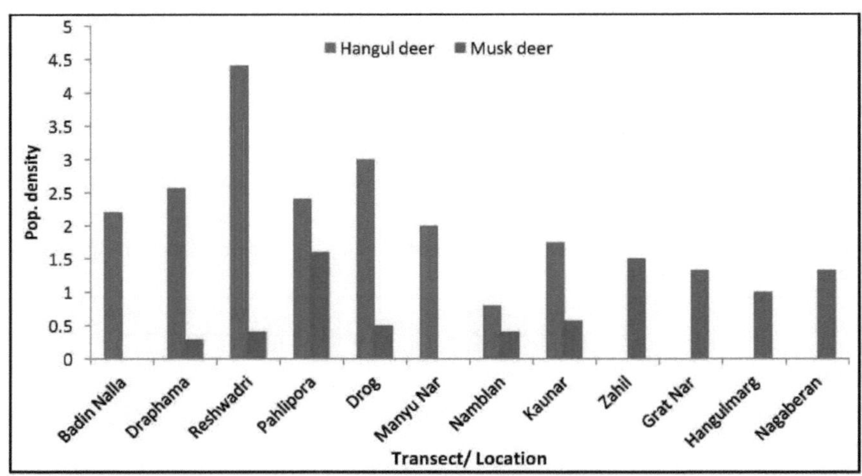

Fig. 5.7: Diagrama que mostra a densidade populacional (por km^2) de Ungulados em Dachigam durante o inverno

Quadro 5.9: Densidade populacional global/sazonal (#/km^2) do veado-mateiro e do veado-almiscarado em

Parque Nacional de Dachigam (2011)

Época	Densidade populacional global	
	Cervo Hangul	Veado almiscarado
primavera	1.61	0.44
verão	1.58	0.48
outono	1.58	0.48
inverno	1.82	0.70
Em geral	**1.64**	**0.53**

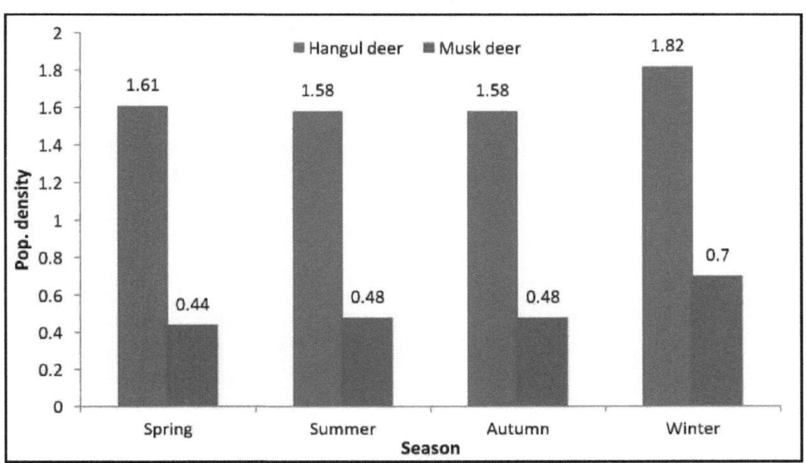

Fig. 5.8: Diagrama que mostra a densidade populacional sazonal global (#/km^2) de veado-da-índia e veado-almiscarado no Parque Nacional de Dachigam (2011)

As estimativas de densidade do veado de Hangul mostram uma tendência semelhante à do ER na zona. As estimativas de densidade foram mais elevadas no inverno do que noutras estações e nos transectos Reshwadri, Draphama, Badin Nalla e Drog do que noutros transectos. As actividades humanas eram relativamente baixas nestes transectos. Verificou-se uma tendência crescente nas estimativas de densidade da estação da primavera para a estação do inverno. Durante a primavera, o verão e o outono, os animais podiam dispersar-se para zonas mais livres de neve e a água e a forragem eram abundantes, não restringindo os seus movimentos. As estimativas de densidade na zona variaram entre 0,00/km^2 e 5,20/km^2 . A densidade global estimada para o veado de Hangul na zona foi de 1,64/km^2 . No entanto, a densidade global do veado Hangul nos transectos de Drog, Reshwadri e Draphama do Parque Nacional de Dachigam foi de 3,09 hangul/km^2 (Qureshi *et al.* 2009), que é muito superior à presente estimativa. No entanto, a presente estimativa coincide com os mesmos transectos (Reshwadri, Draphama, Drog, Badin Nalla) observados por Qureshi *et al.* (2009). As estimativas da taxa de encontros e da densidade do veado hangul na zona mostraram uma correlação positiva (Quadro 5.4/5.9; Fig. 5.3/5.8). Assim, o ER de hangul na zona pode ser considerado um indicador fiável da densidade de veados hangul.

As estimativas de densidade para o veado almiscarado também mostram uma tendência semelhante à do ER na zona. As estimativas de densidade foram mais elevadas no inverno do que noutras estações e nos transectos Zahil, Pahlipora e Nagaberan do que noutros transectos. As actividades humanas eram relativamente baixas nestes transectos. O veado almiscarado apresenta uma tendência crescente nas estimativas de densidade desde a primavera até ao inverno. Durante a primavera, o verão e o outono, o animal podia dispersar-se para zonas mais livres de neve e a água e a forragem eram abundantes, não restringindo os seus movimentos. As estimativas de densidade na zona variaram entre $0,00/km^2$ e $1,60/km^2$. A densidade global estimada para o veado-almiscareiro na zona foi de $0,53/km^2$. A taxa de encontros de veados almiscarados e as estimativas de densidade na zona apresentaram uma correlação positiva (Quadro 5.4/5.9; Fig. 5.3/5.8). Assim, a taxa de encontros de cervos-almiscarados na zona pode ser considerada um indicador fiável da densidade de cervos-almiscarados.

CAPÍTULO 6: DIMENSÃO DO GRUPO E COMPOSIÇÃO POR IDADE E SEXO

6.1 INTRODUÇÃO

Os tipos de habitat influenciam frequentemente a dimensão e a composição dos grupos de ungulados. Embora os dados sobre o tamanho e a composição dos grupos possam, por si só, revelar pouca informação sobre a dinâmica da população de ungulados, fornecem informações úteis sobre as caraterísticas e tendências da população. As respostas à oferta de alimentos e aos predadores são factores importantes que determinam o tamanho do grupo em muitas espécies (Jarman 1974). O tamanho do grupo pode ser influenciado pelas condições alimentares, pela disponibilidade e pela eficiência da procura de alimentos. A perturbação pode ser um fator importante que afecta a população de ungulados de montanha e modifica as interações entre as espécies nas comunidades (Connel 1978).

A maior parte dos membros das famílias 'Cervidae' e 'Bovidae' são altamente gregários e foram estudados em pormenor (Geist 1971, Rodgers 1977, Schaller 1967, Vinod & Sathyakumar 1999). Jarman (1974) indicou que os herbívoros, que se alimentam de forma muito generalista, podem apresentar-se em grupos maiores em zonas onde a erva está disponível em abundância, ao passo que os navegadores, que se alimentam de forma muito mais selectiva, vivem em pequenos grupos ou solitários. No entanto, a informação sobre os taxa mais primitivos de Caprinae (Rupicaprids) é maioritariamente anedótica (Cavallini 1992, Gaston *et al.* 1981, Gaston & Garson 1992, Mead 1989, Prater 1980 e Roberts 1977, Vinod & Sathyakumar 1999). Este capítulo documenta a variação da dimensão e composição dos grupos de ungulados observada em função da estação do ano, da hora do dia e dos níveis de perturbação no Parque Nacional de Dachigam.

6.2 OBJECTIVOS

O estudo foi realizado com os seguintes objectivos específicos.

> Estudar a variação do tamanho e da composição dos grupos de cervos Hangul e almiscarados.

> Determinar a proporção entre os sexos destes ungulados.

6.3 MÉTODOS

Os dados sobre o tamanho do grupo, a idade e o sexo dos veados Hangul e almiscarado foram recolhidos através da monitorização regular de trilhos (rastos) que passavam por vários níveis de perturbação, complementada por uma amostragem instantânea (Altmann 1974) a partir de pontos de observação. Apenas os trilhos principais (Reshwadri, Draphama, Pahlipora e Drog), ricos em população total de ungulados, foram percorridos para observar o tamanho do grupo, a idade e o sexo das espécies. Os trilhos foram percorridos em vários períodos de tempo, entre as 07:00 e as 16:00 horas. O número de animais por grupo e a hora do avistamento foram anotados para cada avistamento. O número de animais vistos a pastar juntos foi considerado como uma manada/grupo de animais. Dois grupos foram considerados distintos se estivessem separados por uma distância maior do que a maior largura de qualquer uma das unidades, vista da posição do observador (Barrette 1992). O sexo dos indivíduos foi identificado, sempre que possível, através da observação dos seus órgãos genitais, da presença de chifres (nos machos de veado-campeiro) e da sua espessura. Os dados disponíveis foram utilizados de forma adequada para calcular a proporção entre os sexos (macho e fêmea).

6.4 RESULTADOS E DISCUSSÃO

- Cervo vermelho de Caxemira (Hangul)

Tamanho do grupo

O resumo dos dados recolhidos sobre o número de indivíduos vistos a pastar juntos, considerados como uma manada de pastoreio, através de 51 avistamentos, é apresentado na Tabela 6.1. No total, foram observados 51 grupos em 7 tipos de tamanhos de grupo (1, 2, 3, 5, 10, 15 e 20), incluindo grupos solitários separados, compreendendo 335 indivíduos com um tamanho médio anual de efetivo de 6,57 indivíduos por grupo. Os tamanhos médios dos grupos na primavera, verão, outono e inverno são de 5,00, 6,28, 7,91 e 7,14 indivíduos por grupo, respetivamente. A análise do quadro sugere que o veado hangul aparece solitário em casos muito raros (5,9% dos avistamentos). A frequência de avistamentos de veados hangul registados como grupos de diferentes tamanhos a pastar juntos aumenta com o aumento do tamanho da manada até 5 e depois diminui com o aumento do tamanho da manada (Quadro 6.1, Fig. 6.2). No presente conjunto de dados, a espécie foi observada a pastar em grupos de dois em 17,6% dos casos. Os grupos de três, cinco, dez, quinze e vinte foram registados em 15,7%, 27,4%, 19,6%, 7,8% e 5,9% dos casos, respetivamente.

❖ 16,7% dos avistamentos de veado-vermelho da Caxemira, num total de 12 avistamentos, apareceram como indivíduos solitários a pastar durante a primavera. Os grupos de dois, três, cinco, dez, quinze e vinte indivíduos foram registados em 16,7%, 25,0%, 16,7%, 16,7%, 8,4% e 0,0% dos casos, respetivamente. O tamanho do grupo sazonal para a primavera é de 5,00 hangul/grupo.

❖ No verão, dos 14 avistamentos de veados-vermelhos da Caxemira, 7,1% apareceram como indivíduos solitários a pastar. Os grupos de dois, três, cinco, dez, quinze e vinte foram registados em 21,5%, 14,3%, 28,6%, 14,3%, 7,1% e 7,1% dos casos, respetivamente. O tamanho do grupo sazonal para o verão é de 6,28 hangul/grupo.

❖ No outono, de um total de 11 avistamentos, nenhum apareceu como indivíduo solitário a pastar. Os grupos de dois, três, cinco, dez, quinze e vinte indivíduos foram registados em 18,2%, 9,1%, 27,3%, 27,3%, 9,1% e 9,1% dos casos, respetivamente. O tamanho do grupo sazonal para o outono é de 7,91 hangul/grupo.

❖ No inverno, no entanto, nenhum dos 14 avistamentos de veados-vermelhos da Caxemira apareceu como indivíduos solitários a pastar. Os grupos de dois, três, cinco, dez, quinze e vinte indivíduos foram registados em 14,3%, 14,3%, 35,7%, 21,4%, 7,1% e 7,1% dos casos, respetivamente. O tamanho do grupo sazonal para o inverno é de 7,14 hangul/grupo.

A dimensão dos grupos observada no outono e no inverno foi significativamente diferente da observada na primavera e no verão. Os dados agrupados para todo o período de estudo não revelaram quaisquer diferenças significativas na dimensão dos grupos formados em diferentes alturas do dia. No entanto, quando se comparam os dados sazonais entre as partes do dia, observaram-se grupos significativamente maiores apenas durante as noites de inverno. Não foram encontradas diferenças significativas na variação diurna do tamanho dos grupos durante a primavera, o verão e o outono.

Os dados agrupados para todo o período de estudo indicam uma diferença significativa na dimensão dos grupos entre zonas menos perturbadas e zonas mais perturbadas. Formaram-se grupos maiores em zonas menos perturbadas, em contraste com as zonas mais perturbadas. Foram encontrados grupos maiores em zonas menos perturbadas em todas as estações, em comparação com zonas mais perturbadas.

O presente estudo sobre o tamanho do grupo/grupo é também apoiado por Schaller (1969), Bhat (2008) e Qureshi *et al.* (2009), que registaram um tamanho médio de grupo de 7 indivíduos. Qureshi *et al.* (2009) registaram 4,5% dos avistamentos como hangul solitário e 28,4% dos avistamentos como grupos de 3-5 indivíduos, o que também apoia os presentes resultados.

Quadro 6.1: Variação sazonal da frequência do tamanho do grupo de veados de Hangul em Dachigam

Tamanho do efetivo	Total de avistamentos		Avistamentos sazonais							
			primavera		verão		outono		inverno	
	N	%	N	%	N	%	N	%	N	%
1	3	5.9	2	16.7	1	7.1	0	0.0	0	0.0
2	9	17.6	2	16.7	3	21.5	2	18.2	2	14.3
3	8	15.7	3	25.0	2	14.3	1	9.1	2	14.3
5	14	27.4	2	16.7	4	28.6	3	27.3	5	35.7
10	10	19.6	2	16.7	2	14.3	3	27.3	3	21.4
15	4	7.8	1	8.4	1	7.1	1	9.1	1	7.1
≥ 20	3	5.9	0	0.0	1	7.1	1	9.1	1	7.1
Em geral	**51**		**12**		**14**		**1**	**11**		**4**

Tamanho médio do grupo	6.57	5.00	6.28	7.91	7.14

Composição por sexo

Os dados recolhidos nos principais transectos evidentes sobre a distribuição dos dois sexos na população geral sazonal de veados de Hangul (Quadro 6.2) sugerem o avistamento de 80 machos e 131 fêmeas, o que resulta numa relação sexual entre machos e fêmeas de 1: 1,64 (teste do qui-quadrado para o sexo = 13,1806, P <0,001, altamente significativo), sugerindo uma preponderância significativa de fêmeas na população. Em quase todas as subpopulações, presentes em diferentes sectores geográficos, foi observada uma maior prevalência de fêmeas do que de machos, nomeadamente em Reshwadri (macho 5: fêmea 15; rácio 1: 3) e Draphama (macho 3: fêmea 12; rácio 1: 4). Os dados disponíveis sobre a distribuição dos dois sexos em diferentes estações do ano também sugerem uma tendência semelhante, a saber, Reshwadri (primavera; macho 5: fêmea 15; rácio de 1: 3, verão: macho 3: fêmea 12; rácio de 1: 4). A proporção entre os sexos (macho: fêmea) de 1: 3,13 foi exibida pela população de Hangul na primavera, 1: 3,54 no verão, 1: 1,39 no outono e 1: 0,71 no inverno.

O presente estudo sobre a relação sexual na época do cio (outono); 1: 0,71 é também apoiado pelos resultados de Schaller (1969) que foi de 151 veados/100 corças durante o cio, ou seja, a relação sexual macho: fêmea de 1: 0,67. No período sem cio, o presente estudo é corroborado por Schaller (1969), Holloway (1970, 1971), Bhat (2008) e Qureshi *et al.* (2009), que referem que a relação sexual do veado-da-índia no período sem cio é de 15 a 25 veados/100 corças (1 macho: 4 a 6,66 fêmeas). O presente estudo também indica que o rácio sexual do hangul é diferente em diferentes estações do ano devido à utilização diferencial do habitat por ambos os sexos (Qureshi *et al.* 2009).

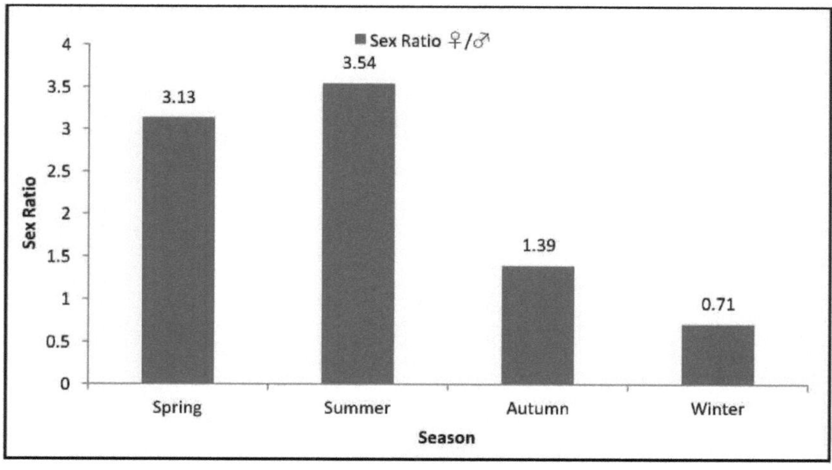

Fig. 6.1 : Representação em barras do rácio sazonal entre os sexos do veado de Hangul em

74

Dachigam

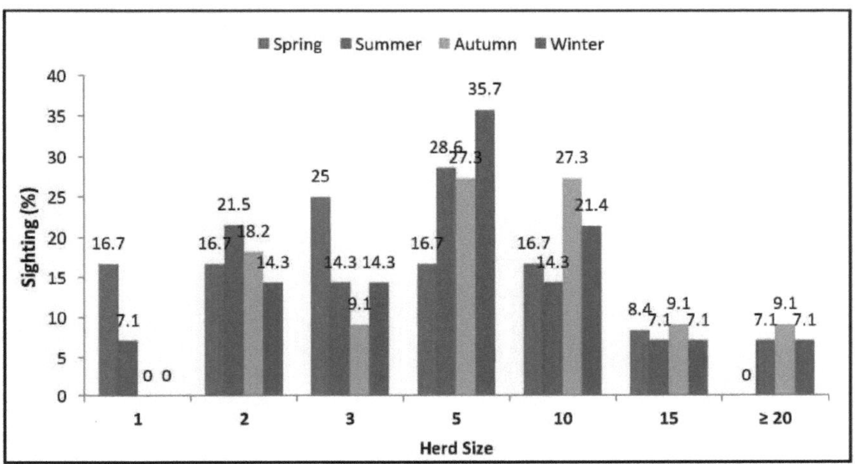

Fig. 6.2 : Representação em barras das frequências relativas sazonais de efectivos de diferentes tamanhos na população de veado-vermelho da Caxemira

Estrutura etária

As informações recolhidas através do presente estudo sobre a estrutura etária (Quadro 6.2, Fig. 6.3) sugerem que existem 0,25 crias por fêmea adulta (traseira) na população (agrupando os grupos etários de juvenis, crias e subadultos apenas em crias). O cálculo da população total observada sugere a presença de 0,10 crias por adulto. Desde 1994, tem sido observada uma tendência decrescente no rácio juvenis/adultos de Hangul (Fig. 6.4). Existe algum grau de variação no número de juvenis por fêmea adulta registado sazonalmente em diferentes áreas geográficas.

- Na primavera, o número mais elevado de jovens: o rácio traseiro foi registado em Draphama (0,34), seguido de Reshwadri (0,20), Drog (0,20) e Pahlipora (0,17).

- No verão, o número mais elevado de juvenis: rácio de patas traseiras registou-se em Reshwadri (0,34) seguido de Draphama (0,28). Não se observou nenhum subadulto em Drog e Pahlipora durante o verão.

- No outono, o número mais elevado de jovens: o rácio de patas traseiras registou-se em Reshwadri (0,42), seguido de Draphama (0,37) e Pahlipora (0,20). Não se observou nenhum subadulto em Drog durante a estação do outono.

- No inverno, o número mais elevado de juvenis: rácio de patas traseiras registou-se em Drog (0,50), seguido de Reshwadri (0,19) e Draphama (0,13). Não foi observado nenhum subadulto em Pahlipora durante o inverno.

O rácio de 0,25 crias por fêmea adulta observado no presente estudo é também apoiado por Qureshi *et al.* (2009), que registaram um rácio de 21 crias por 100 fêmeas (ou seja, 0,21/raça), que é muito semelhante e próximo do presente estudo.

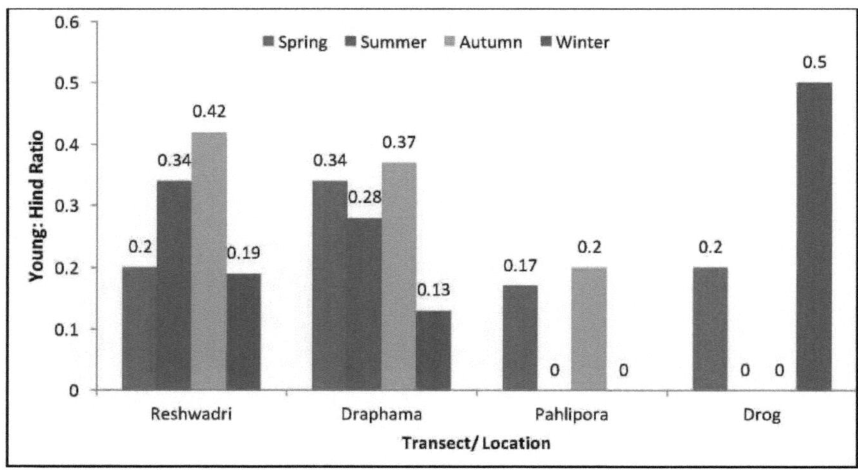

Fig. 6.3: Representação em barras do rácio jovem/cavalo nos principais transectos do veado-vermelho de Caxemira no Parque Nacional de Dachigam

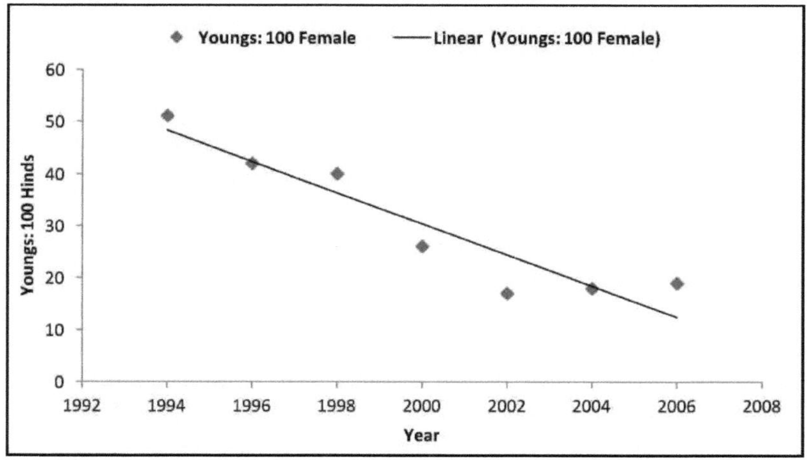

Fig. 6.4: Representação em barras do declínio do rácio Jovem: Corça no Parque Nacional de Dachigam entre 1994 e 2004 (Fonte: Qureshi *et al.,* 2009)

Quadro 6.2: Estrutura sazonal geral do sexo e da idade do veado de Hangul em Dachigam

Época	Localização/ Estande	Total Não. Obsrvd	Número			Sexo Rácio (?tf)	Rácio subadulto/feminino	Razão sexual média da estação
			Masculino	Feminino	Subadulto			
pri	Reshwadri	23	5	15	3	3.00	0.20	**3.13**

	Drafama	19	3	12	4	4.00	0.34	
	Pahlipora	9	2	6	1	3.00	0.17	
	Rã	8	2	5	1	2.50	0.20	
verão	Reshwadri	19	3	12	4	4.00	0.34	
	Drafama	17	3	11	3	3.67	0.28	3.54
	Pahlipora	10	2	6	0	3.00	0.00	
	Rã	9	2	7	0	3.50	0.00	
outono	Reshwadri	26	9	12	5	1.33	0.42	
	Drafama	22	7	11	4	1.57	0.37	1.39
	Pahlipora	9	3	5	1	1.67	0.20	
	Rã	8	4	4	0	1.00	0.00	
inverno	Reshwadri	22	9	11	2	1.23	0.19	
	Drafama	18	9	8	1	0.89	0.13	0.71
	Pahlipora	12	8	4	0	0.50	0.00	
	Rã	12	9	2	1	0.23	0.50	
Global		**243**	**80**	**131**	**32**	**1.64**	**0.25**	-

Quadro 6.3: Rácio entre os sexos e rácio jovem: Hind do veado-vermelho da Caxemira (Hangul) em Dachigam e áreas adjacentes (Fonte: Departamento de Proteção da Vida Selvagem, J&K)

Ano	Mês	Veado: 100 Hinds	Razão sexo (?/J)	deJovem: 100 Hinds	Rácio traseiro	jovem: Referência
1969	Out.	151	0.66	45	0.45	Schaller 1969
1970	Fev.	25	4.00	-	-	Holloway 1971
1987	Mar.	25	4.00	17	0.17	Inayatullah 1987
1996	Fev.	15	6.67	51	0.51	Departamento de Proteção da Vida Selvagem, 1996
1997	Fev.	16	6.25	43	0.43	Departamento de Proteção da Vida Selvagem, 1997
2000	Mar.	18	5.55	31	0.31	Departamento de Proteção da Vida Selvagem, 2000
2001	Mar.	21	4.76	27	0.27	Departamento de Proteção da Vida Selvagem, 2001
2002	Mar.	22	4.55	21	0.21	Departamento de Proteção da Vida Selvagem, 2002
2003	Fev.	18	5.55	25	0.25	Departamento de

					Proteção da Vida Selvagem, 2003
2004	Mar.	19	5.26	21	0.21	Departamento de Proteção da Vida Selvagem, 2004
2011	**Mar.**	**28**	**3.54**	**25**	**0.25**	**Estudo atual**

- Cervo almiscarado de Caxemira

Foi avistado um total de 23, 25, 25 e 37 indivíduos de veado-mateiro na primavera, verão, outono e inverno, respetivamente, geralmente solitários, sem variação anual detetável. O rácio entre os sexos masculino e feminino foi geralmente de 1: 1,40, 1: 1,48, 1: 1,85 e 1: 1,73 na primavera, verão, outono e inverno, respetivamente, resultando num rácio global entre os sexos masculino e feminino de 1: 1,62. Não foram registados dados sobre a idade dos cervos almiscarados e a relação jovem: adulto devido à inacessibilidade e à impossibilidade de acesso (principalmente no inverno, devido à elevada cobertura de neve nas zonas superiores) a zonas muito densas e de terreno acidentado.

Durante o verão, os veados passam a maior parte do tempo nas florestas de bétulas-rododendros (43% do tempo) e nas áreas de matagal de rododendros a maior altitude (24% do tempo), enquanto o resto do tempo é dividido uniformemente entre várias áreas de micro-habitat. Durante o inverno, os veados passam uma maior percentagem do seu tempo nas florestas de bétulas e rododendros (49%) e nas áreas de matagal de rododendros (33%), provavelmente devido à disponibilidade de líquenes arbóreos (Kattel 1992).

No entanto, Sathyakumar (1994) no Santuário de Vida Selvagem de Kedarnath e Vinod & Sathyakumar (1999) no Parque Nacional dos Grandes Himalaias também apoiam os dados actuais sobre a proporção entre os sexos.

CAPÍTULO 7: HÁBITOS ALIMENTARES

7.1 INTRODUÇÃO

A alimentação é um fator crucial que regula as populações animais (Klein 1985, Begon *et al.*1990). Os hábitos alimentares dos mamíferos estão no centro do interesse da biologia e ecologia das populações. Conhecer a ecologia alimentar de uma espécie animal e, em particular, identificar períodos de provável restrição nutricional é importante para a gestão e a modelação ecológica das populações animais (Begon *et al.* 1990).

O clima é um fator determinante do crescimento das plantas e da produtividade primária. Uma vez que o crescimento das plantas é influenciado pelas condições ambientais e que o material vegetal senescente contém um rácio mais elevado entre a parede celular e o conteúdo celular (Iason e van Wieren 1998), os herbívoros que vivem em ambientes sazonais devem adaptar-se às mudanças sazonais na qualidade e quantidade de alimentos. Os herbívoros podem enfrentar estas mudanças alterando a seleção da sua dieta. Os herbívoros que se alimentam de forma "intermédia" ou "mista", como o veado, mudam a sua dieta de gramíneas para forragem quando as plantas forrageiras lenhificam (Hofmann 1989).

Vários métodos já foram utilizados na investigação da composição alimentar (Holecheck *et al.* 1982). A técnica indireta mais utilizada para determinar a composição da dieta dos herbívoros é a identificação micro-histológica de fragmentos de epiderme no pellet fecal (Baumgartner 1939, Dusi 1949). A estratégia de amostragem geralmente utilizada envolve um esquema de amostragem em vários estágios ou em grupos, em que as unidades primárias de amostragem são grupos de pellets (defecações), as unidades de segundo estágio são pellets individuais e as unidades de terceiro estágio são lâminas microscópicas, em que os campos individuais são examinados e os fragmentos de plantas individuais são identificados.

7.2 OBJECTIVOS

O estudo foi realizado com os seguintes objectivos específicos;

> >Recolher dados sobre os aspectos alimentares dos veados Hangul e almiscarado no Parque Nacional de Dachigam.

> >Determinar o grau de diferenciação das preferências alimentares entre o veado Hangul e o veado almiscarado.

7.3 MÉTODOS

* OBSERVAÇÃO DIRECTA NO TERRENO*

A alimentação ocorreu geralmente ao nascer do sol e antes do pôr do sol (75%). Foram visitados sítios potenciais de veados Hangul e almiscarados para procurar sinais da presença de veados Hangul e almiscarados. Os locais com fezes frescas, como indicador da presença de ungulados, foram selecionados para posterior observação direta a partir de um local cuidadosamente escolhido (torre de vigia), permitindo um varrimento mais amplo e desobstruído da área e mantendo o trabalhador camuflado dos ungulados em pastoreio. As observações foram efectuadas durante três dias consecutivos (das 07:00 às 09:00 horas e das 15:00 às 17:00 horas).

Uma vez localizado, o animal ou animais foram observados a partir do local selecionado com um telescópio de alta potência (Optolith 50X). A natureza da alimentação, ou seja, o pastoreio ou a navegação, bem como as espécies de plantas tentadas/consumidas pelos ungulados, foram cuidadosamente registadas e confirmadas através de uma visita física ao local de pastoreio, depois de o animal ter deixado o local.

* *ANÁLISE DOS SEDIMENTOS FECAIS*

7.3.1 AMOSTRAGEM

A. Tamanho da amostra

Foram recolhidos no Parque Nacional de Dachigam 120 grupos de pellets, 60 de cada um dos veados Hangul e Musk, durante as quatro estações do ano: primavera, verão, outono e inverno.

B. Colheita de amostras Procedimento

Foram recolhidos grupos de pellets de cervos Hangul e almiscarados na parte inferior e superior de Dachigam, respetivamente, de março de 2011 a fevereiro de 2012 (primavera, verão, outono e inverno), que foram identificados com base nas dimensões, forma e estrutura dos pellets (placas 7.1 e 7.2). Todos os grupos de pellets foram duplamente ensacados e etiquetados com informações sobre o coletor, a hora da recolha, o local e as condições. As informações sobre as amostras foram registadas com uma caneta à prova de água para minimizar as possibilidades de erro. Os grupos de pellets foram colocados num saco de papel de modo a secarem o mais rapidamente possível. Em seguida, foi colado com fita adesiva de modo a que o conteúdo não caísse, mas deixando um espaço para facilitar a secagem ao ar.

C. Armazenamento e manuseamento de amostras

Os grupos de pellets foram colocados num local quente e seco antes da análise laboratorial, para que pudessem secar o mais rapidamente possível.

D. Coleção de materiais de referência

A recolha de potenciais alimentos vegetais para o veado de Hangul e o veado almiscarado foi efectuada na área de estudo, ou seja, no Parque Nacional de Dachigam. Esta recolha de materiais vegetais de referência baseou-se em informações recolhidas junto de pessoas que vivem em redor do Parque Dachigam. Foram recolhidos dois espécimes de cada planta; um para o registo de referência e o outro para a preparação de materiais de referência. As plantas foram secas entre as dobras de um jornal. As plantas foram identificadas com a ajuda do taxonomista de plantas do Departamento de Botânica, SSL Jain PG College, Vidisha (MP). Os pormenores dos espécimes recolhidos são apresentados no quadro 7.1(A, B, C,D & E). As montagens temporárias das plantas de referência foram preparadas seguindo as técnicas usadas para as pelotas fecais. Os desenhos de referência das peças recuperadas de cada lâmina foram preparados especialmente enfatizando a forma, estrutura e tamanho das células.

Placa 7.1: Bolus fecal do veado de Hangul em Dachigam

Placa 7.2: Pellets fecais de veados almiscarados em Upper Dachigam

Quadro 7.1(A): Espécies de árvores recolhidas em Dachigam para diapositivos de referência

S.N.	Nome científico	Nome local	Família
01.	*Quercus rober*	Carvalho, Vilaiti, Banj	Fagaceae
02.	*Rubinia pseudoacacia*	Kiker	Mimosoida
03.	*Morus alba*	Tul	Moráceas
04.	*Abies pindrow*	Budul, Taleesha	Pinaceae
05.	*Pinus wallichiana*	Yaer	Pinaceae
06.	*Salix alba*	Bot vir/ salgueiro branco	Salicáceas
07.	*Populus caspica*	Frass, Safeda	Salicáceas
08.	*Aesculus indica*	Castanha-da-índia dos Himalaias	Sapindáceas
09.	*Celtis australis*	Brimij	Ulmáceas

Quadro 7.1(B): Espécies de arbustos recolhidos em Dachigam para diapositivos de referência

S.N.	Nome científico	Nome local	Família
01.	*Berberis lycium*	Kaw dachh	Berberidaceae
02.	*Vibernum cotinifolium*	Kumansh, Bhutnoi	Caprifoliaceae
03.	*Gaultheria trichophylla*	Gandhpuri booti, Gandhpura	Ericaceae
04.	*Rhododendron anthopogon*	Nchhni, Inga	Ericaceae
05.	*Indigofera heterantha*	Krass, Sakena	Fabáceas
06.	*Parrotia jacquenmontiana*	Posh/ Hatab	Hamamelidaceae
07.	*Jasminum humile*	Jasmim	Oleáceas
08.	*Prunus prostrates*	Wosh-kan	Rosacae
09.	*Rubus fruiticocus*	Chanchada	Rosacae
10.	*Rubus hofemastraines*	Daan chanch	Rosacae
11.	*Rosa webbiana*	Arwal	Rosacae
12.	*Alchemilla vulgaris*	-	Rosacae
13.	*Rosa beggeriana*	Bil bichar fal	Rosacae
14.	*Fragaria vesca*	-	Rosacae

Quadro 7.1(C): Espécies de forbes recolhidas de Dachigam para lâminas de referência

S.N.	Nome científico	Nome local	Família
01.	*Artemisia parviflora*	Joon, Tethwan	Asteraceae
02.	*Artemisia dubia*	Joon, krinidru	Asteraceae
03.	*Arctium lappa*	Bardana maior	Asteraceae
04.	*Taraxacum officinale*	Handri, Hand, Dullal	Asteraceae
05.	*Solidago virgaaurea*	Thanthaana, Sondandi	Asteraceae

06.	*Capsela bursa pastoris*	Bolsa de pastor	Brassicaceae
07.	*Dipsacus inermis*	Wopal hakh	Dipsacaceae
08.	*Euphorbia helioscopia*	Gur sotsol	Euphorbiaceae
09.	*Sorghum helipense*	Burham	Gramíneas
10.	*Hemerocallis fulva*	Riudd, Sunaari	Liliaceae
11.	*Ophioglosum* sp.	-	Ophioglossaceae
12.	*Polygonum alpinum*	Tsoka ladar/ Drab	Polygonaceae
13.	*Polygonum polystachyum*	-	Polygonaceae
14.	*Rumex napalensis*	Abrj/ Chooka	Polygonaceae
15.	*Portulaca oleracea*	-	Portulacaceae
16.	*Solanum nigrum*	-	Solanáceas
17.	*Viola biflora*	Nunposh	Violáceas

Quadro 7.1 (D): Espécies de gramíneas colhidas em Dachigam para lâminas de referência

S.N.	**Nome científico**	**Nome local**	**Família**
1.	*Carex Stenophylla*	Phikal	Cyperaceae
2.	*Poa annua*	Humulu, Shaadal ghass	Poaceae
3.	*Bromus japonicus*	-	Poaceae

Quadro 7.1(E): Espécies de trepadeiras/gêmeas colhidas em Dachigam para lâminas de referência

S.N.	**Nome científico**	**Nome local**	**Família**
1.	*Hedera nepalensis*	Kateembri, Agraanth	Karoori, Araliaceae

7.3.2 CHAVE DE REFERÊNCIA

Um herbário e uma chave microfotográfica de plantas de referência (folhas, caules, flores e frutos) foram preparados através da recolha de espécies vegetais do Parque Nacional de Dachigam. O herbário contém 44 espécies de plantas. A dieta dos veados Hangul e Musk na área de estudo foi identificada através da elaboração de uma chave fotográfica de referência de espécies vegetais.

Microfotografia

As caraterísticas diagnósticas das células vegetais, como a forma, o tamanho, as fibras, os tricomas, os poros, os estomas, de cada lâmina de referência, foram fotografadas com uma câmara acoplada a um microscópio. Assim, foi criada uma biblioteca de lâminas de referência. Isto foi feito para facilitar o rastreio de microfotografias para a identificação de fragmentos fecais durante a análise posterior.

7.3.3 ANÁLISE MICRO-HISTOLÓGICA DAS FEZES (ANÁLISE FAECAL)

O exame de amostras fecais através de uma técnica micro-histológica

(Baumgartner e Martin 1939) é o método mais comummente utilizado para determinar a composição botânica das dietas dos herbívoros (Holechek *et al.* 1982). A digestibilidade diferente das plantas pode, no entanto, produzir estimativas erróneas. A dieta dos veados Hangul e almiscarado foi determinada através da análise micro-histológica das suas fezes.

A. Preparação de lâminas

No laboratório, as amostras fecais foram trituradas com um almofariz e um pilão. O material moído foi peneirado através de um pano de algodão para remover partículas grandes não identificáveis e poeira. As amostras fecais foram lavadas em água corrente e mergulhadas numa solução de imersão (1 parte de água destilada, 1 parte de álcool etílico, 1 parte de glicerina) durante uma noite. Em seguida, as amostras foram novamente trituradas num homogeneizador Virtis no Laboratório de Investigação sobre Controlo de Pragas e Medicamentos Ayurvédicos, SSL Jain PG College, Vidisha (MP). Transferiram-se cinquenta por cento das amostras para um tubo de ensaio rotulado e adicionou-se-lhe uma solução quente de hidróxido de sódio a 5%. O tubo de ensaio foi aquecido num banho de água a ferver durante 4 a 6 minutos. Deixou-se que as partículas assentassem antes de remover o líquido escuro sobrenadante e repetiu-se o tratamento 3 a 7 vezes até se obter uma solução relativamente clara. Em seguida, o material foi lavado 4 vezes com água destilada morna. Foi desidratado através de uma série de tratamentos com álcool a 25%, 50%, 75% e 100%, cada um durante 10 minutos. Em seguida, o álcool foi removido através de uma série de misturas de xileno e álcool (25%, 50%, 75% e 100% de xileno) durante 10 minutos cada, exceto 100% durante a noite. No dia seguinte, o material foi transferido para uma lâmina de vidro limpa, espalhado uniformemente e montado em meio de montagem DPX sob uma lamela. O mesmo procedimento foi seguido para a preparação de lâminas da coleção de plantas de referência, exceto no que diz respeito à utilização de uma solução de NaOH a 10%.

B. Leitura de diapositivos

As lâminas foram estudadas em pormenor, registando as caraterísticas celulares específicas das plantas, tal como proposto por Sabnis (1981, 2004), Satakopan (1971) e Maria *et al.* (2003). Estas caraterísticas foram utilizadas como caraterísticas-chave para comparação e identificação dos materiais encontrados nas fezes. As imagens dos fragmentos fecais foram comparadas com as microfotografias de referência das plantas no mesmo nível de ampliação, exposição, brilho e condições de cor (Placa 7.3).

7.3.4 PROCEDIMENTO ANALÍTICO

Cada amostra fecal foi analisada para identificar a composição das espécies vegetais através da análise micro-histológica. As amostras fecais foram examinadas por um microscópio com uma ampliação de tamanho padrão (100x) e (400x) (técnica micro-histológica). Foi efectuado um estudo pormenorizado de cada tecido/estrutura do táxon epidérmico, utilizando a terminologia proposta por

Sabnis (1981, 2004), Satakopan (1971) e Maria *et al.* (2003). Os fragmentos foram identificados com base na forma e nas relações entre as células curtas, na forma da parede das células longas, nas células estomáticas, na forma da parede celular, no padrão e na distribuição das células epidérmicas adjacentes às células-guarda, na natureza e na disposição dos pêlos epidérmicos.

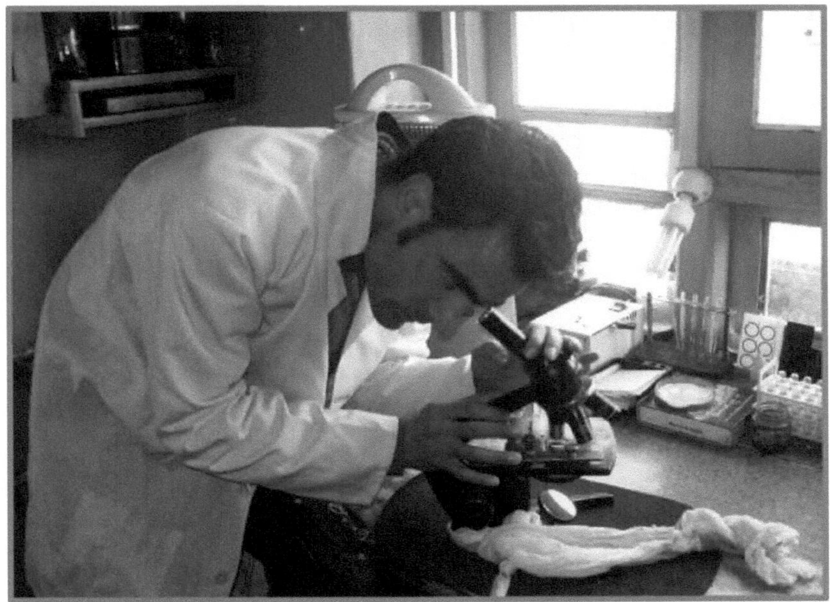

Placa 7.3: Leitura de lâminas e análise micro-histológica no laboratório.

7.3.5 COMPOSIÇÃO DA DIETA

As espécies de plantas encontradas na amostra fecal foram determinadas após uma análise detalhada de todas as caraterísticas celulares e comparadas com a chave fotográfica de referência. A frequência relativa (percentagem de ocorrência) de uma espécie de planta nas fezes foi calculada e expressa como o Valor de Importância Relativa (RIV), que foi registado como;

$$\frac{\text{Number of fields with species A}}{\text{Number of fields with identified species}} \times 100$$

7.3.6 SOBREPOSIÇÃO DE DIETAS

O índice de sobreposição de Morisita modificado (Horn 1966) foi calculado para estimar a sobreposição das dietas dos ungulados e, assim, medir a semelhança global das suas dietas. O índice 'Cλ' varia de 0,0 para pares completamente distintos (sem espécies alimentares em comum) a 1,0 para uma sobreposição completa;

$$C\lambda = \frac{2\,\Sigma xy}{\Sigma x^2 + \Sigma y^2}$$

Em que "x" e "y" são a proporção do grupo de plantas na dieta total dos veados Hangul e almiscarado, respetivamente.

7.4 RESULTADOS E DISCUSSÃO

7.4.1 Composição da dieta

A recolha de amostras fecais de veado Hangul e veado almiscarado foi efectuada na parte inferior e superior de Dachigam, respetivamente, de março de 2011 a fevereiro de 2012 (primavera, verão, outono e inverno), que foram identificadas com base nas dimensões, forma e estrutura dos pellets (Fig. 7.1, 7.2). Por conseguinte, as análises foram efectuadas separadamente para cada coleção no que diz respeito à estação do ano e às espécies de ungulados.

A. Cervo Hangul

Os resultados do presente estudo sobre a dieta do veado Hangul são corroborados por investigações anteriores efectuadas por Shah *et al.* (2009, 1983), Bugalho *et al.* (2001), Bahamonde (1986) e Zofia (1980), que referiram que o referido animal prefere o pastoreio.

Dieta da primavera

Foi registado um total de 12 espécies de plantas na dieta primaveril do veado de Hangul, das quais foram consumidas folhas de 4 espécies e partes do caule de 8 espécies (Quadro 7.2). Os principais componentes da dieta de primavera foram *Poa annua* (11,5%), *Salix alba* (9,5%), *Hemerocallis fulva* (9,2%), *Hedera* sp. (9%), *Parrotiopsis jacquemontiana* (8%), *Solanum nigram* (8%) e *Rosa* sp. (7,3%). As plantas forrageiras representaram 41,5% da dieta, os arbustos 21,3%, as gramíneas 23,5% e as trepadeiras 9% (Fig. 7.1).

Dieta de verão

Foi registado um total de 12 espécies de plantas na dieta de verão do veado-mateiro, das quais foram consumidas folhas de 5 espécies e partes do caule de 7 espécies (Quadro 7.3). Os principais componentes da dieta de verão foram *Poa annua* (12,5%), *Hemerocallis fulva* (11%), *Solanum nigrum* (8,5%), *Portulaca oleracea* (8%), *Carex* sp. (8%), *Bromus japonicus* (8%) e *Aesculus indica* (7,3%). As plantas forrageiras representaram 40,7% da dieta, os arbustos 13,8%, as gramíneas 19,5% e as árvores 22,8% (Fig. 7.2).

Dieta de outono

Foi registado um total de 11 espécies de plantas na dieta de outono do veado de Hangul, das quais foram consumidas folhas de 8 espécies e partes do caule de 3 espécies (Quadro 7.4). Os principais componentes da dieta de outono foram *Indigofera* sp. (13,7%), *Poa annua* (12,5%), *Rosa* sp. (11,3%), *Parrotiopsis jacquemontiana* (10,2%), *Rubus* sp. (10,2%), *Jasminum humile* (9,5%) e *Quercus rober* (9%).

As ervas representaram 9,7% da dieta, os arbustos 59,6%, as gramíneas 12,5% e as árvores 15,7% (Fig. 7.3).

Dieta de inverno

Foi registado um total de 18 espécies de plantas na dieta de inverno do veado-mateiro, das quais foram consumidas folhas de 11 espécies e partes do caule de 7 espécies (Quadro 7.5). Os principais componentes da dieta de inverno foram *Parrotiopsis jacquemontiana* (12,2%), *Quercus rober* (9,4%), *Rosa* sp. (9,3%), *Jasminum humile* (9,2%), *Rubus* sp. (10,2%), *Jasminum humile* (9,5%) e *Poa annua* (8,5%). As ervas representaram 24% da dieta, os arbustos 36,3%, as gramíneas 8,5%, as árvores 24,8% e as trepadeiras 5,2% (Fig. 7.4).

Tabela 7.2. Preferências alimentares do veado Hangul na primavera (N=15)

Natureza da planta	Espécies	RIV/ % Ocorrência.	Peça utilizada
Plantas	*Solanum nigram*	8	Aéreo
	Portulaca oleracea	5.5	Aéreo
	Ophioglosum sp.	3	Aéreo
	Capsila bursa pastoris	8	Aéreo
	Hemerocallis fulva	11	Aéreo
	Rumex sp.	6	Aéreo
Arbustos	*Rosa* sp.	7.3	Folha
	Parrotiopsis jacquemontiana	8	Folha
	Berberis lycium	6	Folha
Gramíneas	*Poa annua*	12.5	Aéreo
	Bromus japonicus	11	Aéreo
Trepadores	*Hedera* sp.	9	Folha
Não identificado	-	3	-

Tabela 7.3. Preferências alimentares do veado Hangul no verão (N=15)

Natureza da planta	Espécies	RIV/ % Ocorrência.	Peça utilizada
Forbes	*Hemerocallis fulva*	9.2	Aéreo
	Solanum nigrum	8.5	Aéreo
	Carex sp.	8	Aéreo
	Arctium lappa	7	Aéreo
	Portulaca oleracea	8	Aéreo
Arbustos	*Rosa* sp.	7.3	Folha

	Berberis lycium	6.5	Folha
Gramíneas	Poa annua	11.5	Aéreo
	Bromus japonicus	8	Aéreo
Árvores	Salix alba	9.5	Folha
	Morus alba	6.2	Folha
	Aesculus indica	7.3	Folha
Não identificado	-	2	-

Tabela 7.4. Preferências alimentares do veado de Hangul no outono (N=15)

Natureza da planta	Espécies	RIV/ % Ocorrência.	Peça utilizada
Forbes	Polygonum sp.	7.2	Aéreo
	Dipsacus inermis	2.5	Aéreo
Arbustos	Rubus sp.	10.2	Folha
	Rosa sp.	11.3	Folha
	Indigofera sp.	13.7	Folha
	Jasminum humile	9.5	Folha
	Parrotiopsis jacquemontiana	10.2	Folha
	Prunus prostata	4.7	Folha
Gramíneas	Poa annua	12.5	Aéreo
Árvores	Quercus rober	9	Folha
	Populus sp.	6.7	Folha
Não identificado	-	2	-

Tabela 7.5. Preferências alimentares do veado Hangul no inverno (N=15)

Natureza da planta	Espécies	RIV/ % Ocorrência.	Peça utilizada
Plantas	Euphorbia helioscopia	5.2	Aéreo
	Viola biflora	4.5	Aéreo
	Sorghum helipense	3.2	Aéreo
	Capsila bursa pastoris	3	Aéreo
	Artemisia sp.	3.5	Aéreo
	Rumex sp.	4.6	Aéreo
Arbustos	Rosa sp.	9.3	Folha
	Jasminum humile	9.2	Folha
	Parrotiopsis jacquemontiana	12.2	Folha
	Berberis lycium	5.6	Folha
Gramíneas	Poa annua	8.5	Aéreo

	Robinia pseudoaccacia	2.3	Folha
	Quercus rober	9.4	Folha
Árvores	*Celtis australis*	2.4	Folha
	Salix sp.	3.5	Folha
	Pinus wallichiana	4.2	Folha
	Populus alba	3	Folha
Trepadores	*Hedera nepalensis*	5.2	Folha
Não identificado	-	2	-

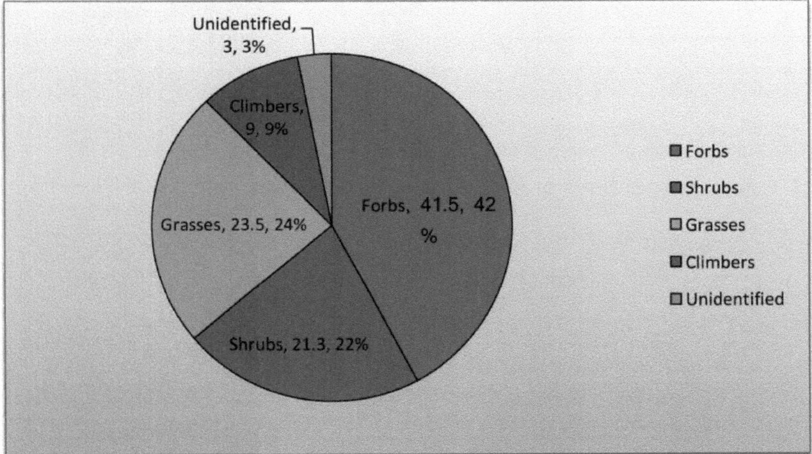

Fig. 7.1: Composição percentual da dieta de primavera do veado de Hangul

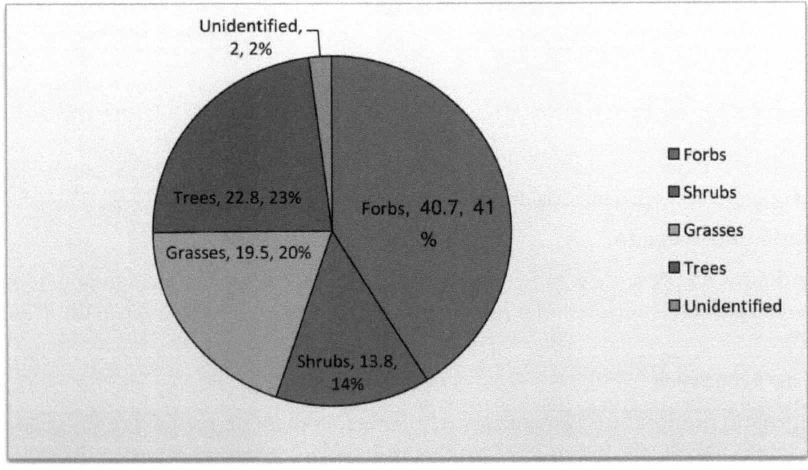

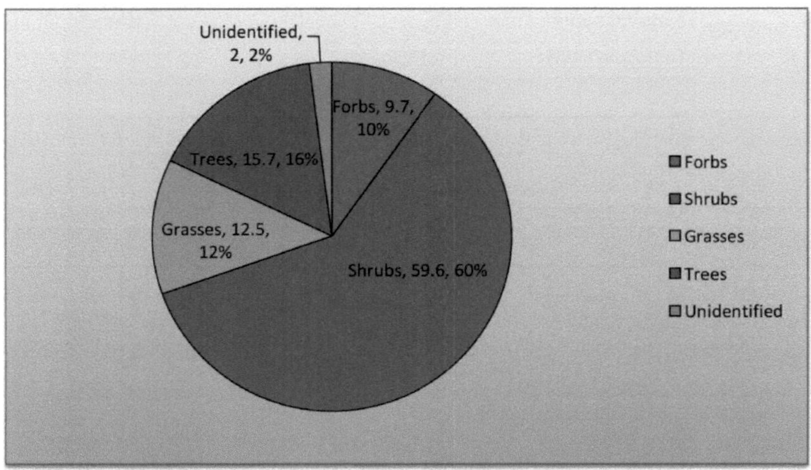

Fig. 7.2: Composição percentual da dieta de verão do veado de Hangul

Fig. 7.3: Composição percentual da dieta de outono do veado de Hangul

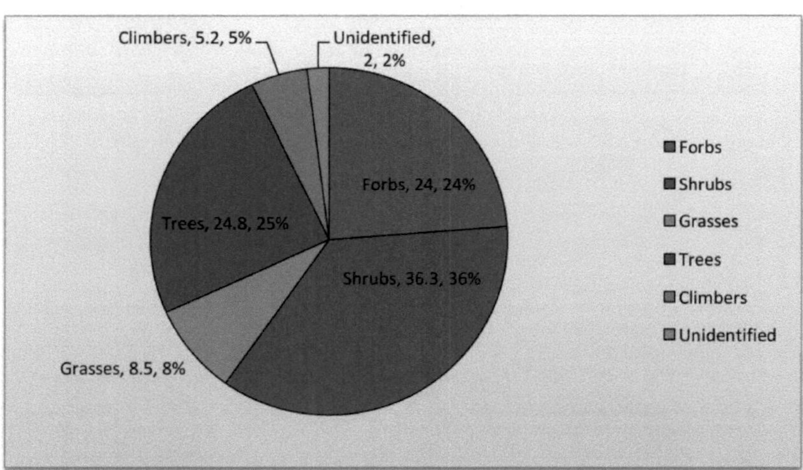

Fig. 7.4: Composição percentual da dieta de inverno do veado de Hangul

B. Veado almiscarado

Os resultados do presente estudo sobre a dieta do veado almiscarado são apoiados por investigações anteriores efectuadas por Green (1987, 1985) e Awasthi *et al.* (2003).

Dieta da primavera

Foi registado um total de 12 espécies de plantas na dieta de primavera do veado almiscarado, das quais foram consumidas folhas de 5 espécies e partes do caule de 7 espécies (Quadro 7.6). Os principais componentes da dieta de primavera foram *Taraxacum officinale* (13,2%), *Abiespindrow* (10,3%), *Polygonum alpinum* (9,5%), *Dipsacus inermis* (9,3%), *Berberis lycium* (9,3%), *Rumex* sp. (9%) e *Alchemilla vulgaris* (7,5%). Os arbustos representam 41% da dieta, os arbustos 32,3% e as árvores 19,9% (Fig. 7.5).

Dieta de verão

Foi registado um total de 12 espécies de plantas na dieta de verão do veado-mateiro, das quais foram consumidas folhas de 5 espécies e partes do caule de 7 espécies (Quadro 7.7). Os principais componentes da dieta de verão foram *Taraxacum officinale* (12,5%), *Abies pindrow* (10,5%), *Polygonum alpinum* (10,2%), *Solidago virgaaurea* (9,8%), *Rumex* sp. (9,4%), *Quercus rober* (7,8%) e *Alchemilla vulgaris* (7,5%). As ervas representaram 41,9% da dieta, os arbustos 29,7% e as árvores 22,8% (Fig. 7.6).

Dieta de outono

Foi registado um total de 12 espécies de plantas na dieta de outono do veado-mateiro, das quais foram consumidas folhas de 5 espécies e partes do caule de 7 espécies (Quadro 7.8). Os principais componentes da dieta de outono foram *Rhododendron anthopogon* (10,7%), *Gaultheria trichophylla* (10,2%), *Abies pindrow* (9,7%), *Taraxacum officinale* (9%), *Alchemilla vulgaris* (8,5%), *Quercus rober* (8,3%) e *Rubus* sp. (7,5%). Os arbustos representam 33,5 % da dieta, os arbustos 42,4 % e as árvores 18 % (Fig. 7.7).

Dieta de inverno

Foi registado um total de 13 espécies de plantas na dieta de outono do cervo-almiscarado, das quais foram consumidas folhas de 6 espécies e partes do caule de 7 espécies (Quadro 7.9). Os principais componentes da dieta de inverno foram *Berberis lycium* (11,3%), *Taraxacum officinale* (11,2%), *Abies pindrow* (9,6%), *Dipsacus inermis* (9,2%), *Rumex* sp. (8,5%), *Rubus* sp. (7,5%) e *Alchemilla vulgaris* (7,5%). As ervas representaram 35,3% da dieta, os arbustos 40,9% e as árvores 19,2% (Fig. 7.8).

Quadro 7.6: Preferências alimentares dos veados almiscarados na primavera (N=15)

Natureza da planta	Espécies	RIV/ Ocorrência. %	Peça utilizada
Plantas	*Dipsacus inermis*	9.3	Aéreo
	Polygonum alpinum	9.5	Aéreo
	Taraxacum officinale	13.2	Aéreo
	Rumex sp.	9	Aéreo
Arbustos	*Berberis lycium*	9.3	Folha
	Rubus sp.	6.5	Folha
	Alchemilla vulgaris	7.5	Folha

	Indigofera heterantha	4.8	Folha
	Vibernum cotinifolium	4.2	Folha
Árvores	Abies pindrow	10.3	Aéreo
	Quercus rober	6.3	Aéreo
	Pinus wallichiana	3.3	Aéreo
Não identificado	-	6	-

Quadro 7.7: Preferências alimentares do veado almiscarado no verão (N=15)

Natureza da planta	Espécies	RIV/ % Ocorrência.	Peça utilizada
Forbes	Polygonum alpinum	10.2	Aéreo
	Solidago virgaaurea	9.8	Aéreo
	Taraxacum officinale	12.5	Aéreo
	Rumex sp.	9.4	Aéreo
Arbustos	Berberis lycium	9	Folha
	Rubus sp.	4.2	Folha
	Jasminum humile	2.5	Folha
	Alchemilla vulgaris	7.5	Folha
	Fragaria vesca	6.5	Folha
Árvores	Abies pindrow	10.5	Aéreo
	Quercus rober	7.8	Aéreo
	Pinus wallichiana	2.8	Aéreo
Não identificado	-	6	-

Tabela 7.8: Dieta ■ preferências dos veados almiscarados no outono (N=15)

Natureza da planta	Espécies	RIV/ % Ocorrência.	Peça utilizada
Plantas	Dipsacus inermis	6.3	Aéreo
	Polygonum alpinum	6.5	Aéreo
	Taraxacum officinale	9	Aéreo
	Rumex sp.	7.5	Aéreo
	Solidago virgaaurea	4.2	Aéreo
Arbustos	Gaultheria trichophylla	10.2	Folha
	Rubus sp.	7.5	Folha
	Alchemilla vulgaris	8.5	Folha
	Rhododendron anthopogon	10.7	Folha
	Jasminum humile	5.5	Folha
Árvores	Abies pindrow	9.7	Aéreo

	Quercus rober	8.3	Aéreo
Não identificado	-	6	-

Quadro 7.9: Preferências alimentares do veado almiscarado no inverno (N=15)

Natureza da planta	Espécies	RIV/ Ocorrência. %	Peça utilizada
Forbes	*Dipsacus inermis*	9.2	Aéreo
	Polygonum alpinum	6.4	Aéreo
	Taraxacum officinale	11.2	Aéreo
	Rumex sp.	8.5	Aéreo
Arbustos	*Berberis lycium*	11.3	Folha
	Rubus sp.	7.5	Folha
	Gaultheria trichophylla	3.6	Folha
	Alchemilla vulgaris	7.5	Folha
	Indigofera heterantha	6.8	Folha
	Vibernum cotinifolium	4.2	Folha
Árvores	*Abies pindrow*	9.6	Aéreo
	Quercus rober	6.3	Aéreo
	Pinus wallichiana	3.3	Aéreo
Não identificado	-	4	-

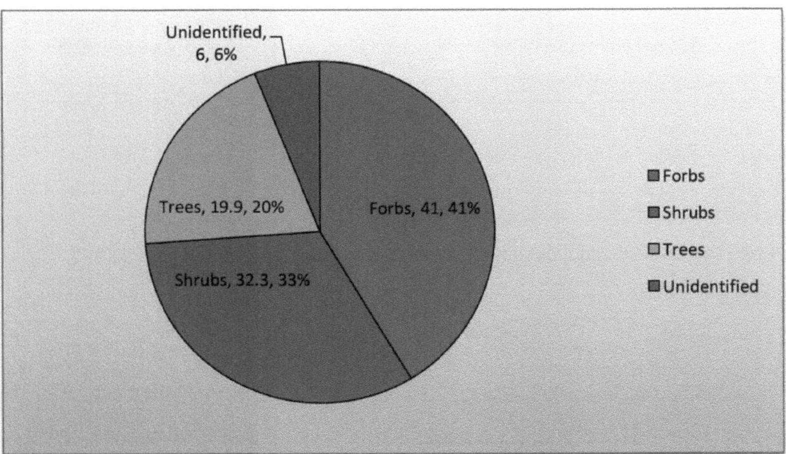

Fig. 7.5: Composição percentual da dieta de primavera do veado almiscarado

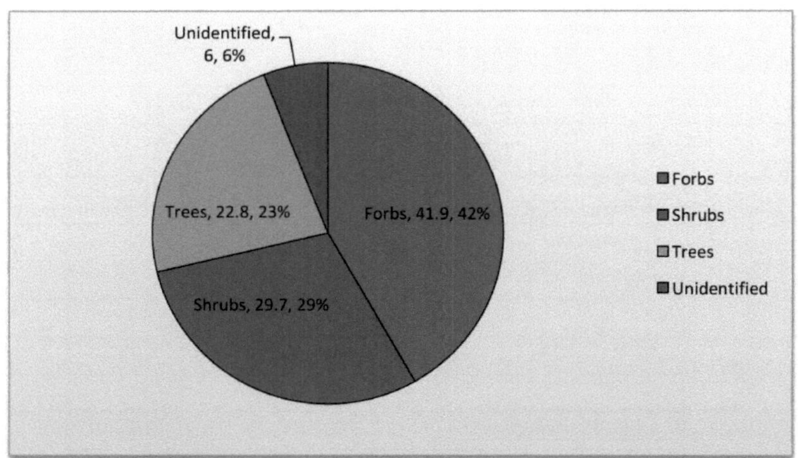

Fig. 7.6: Composição percentual da dieta de verão do veado almiscarado

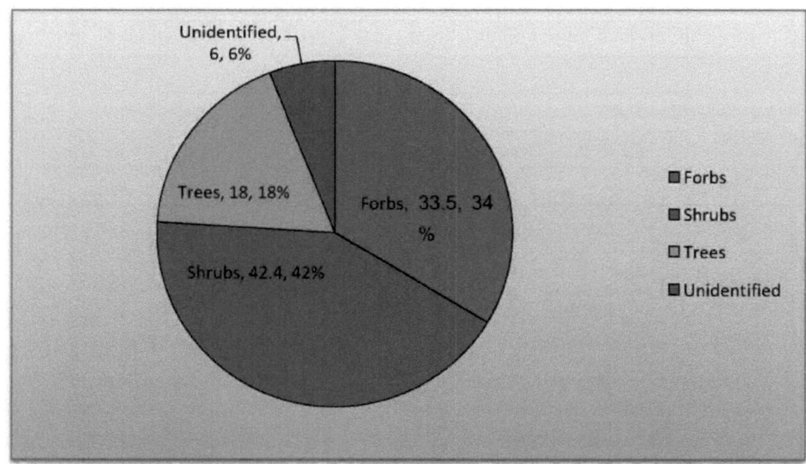

Fig. 7.7: Composição percentual da dieta de outono do veado almiscarado

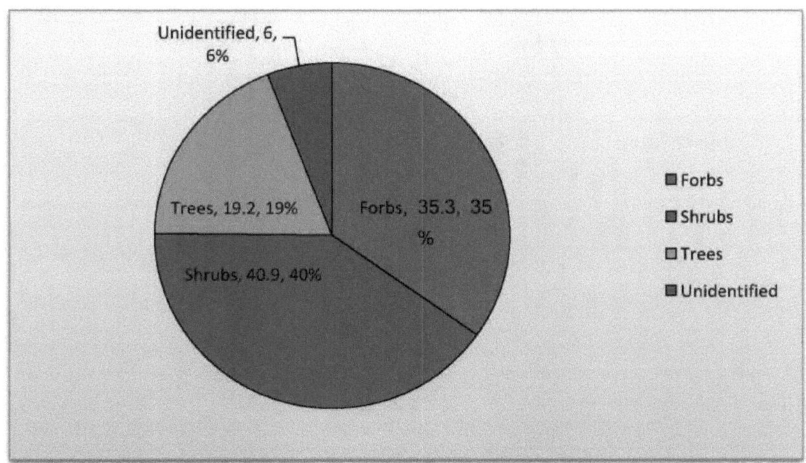

Fig. 7.8: Composição percentual da dieta de inverno do veado almiscarado

7.4.2 Comparação de regimes alimentares

• *Comparação da dieta da primavera*

Poa annua foi a espécie vegetal dominante na dieta primaveril do veado-vermelho da Caxemira, com 11,5% de composição, seguida de *Salix alba* (9,5%), *Hemerocallis fulva* (9,2%), *Hedera* sp. (9%), *Parrotiopsis jacquemontiana* (8%), *Solanum nigram* (8%), *Rosa* sp. (7,3%), *Rumex* sp. (6%), *Berberis lyceum* (6%) e plantas não identificadas (3%). As espécies de plantas dominantes na dieta dos veados almiscarados foram *Taraxacum officinale* (13,2%), *Abies pindrow* (10,3%), *Polygonum alpinum* (9,5%), *Dipsacus inermis* (9,3%), *Berberis lycium* (9,3%), *Rumex* sp. (9%), *Alchemilla vulgaris* (7,5%), *Rubus* sp. (6,5%) e plantas não identificadas 6%. *Berberis lycium* e *Rumex* sp. eram comuns tanto no veado de Hangul como no veado almiscarado (Fig. 7.9).

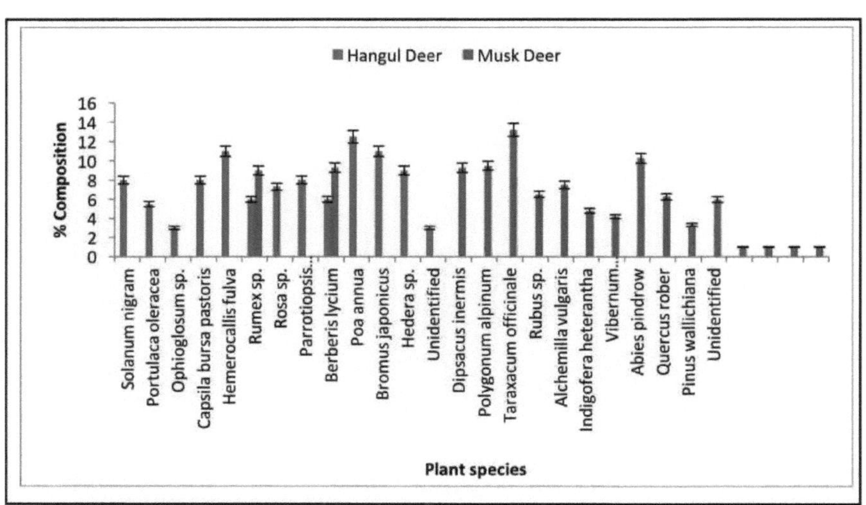

Fig. 7.9: Proporções de espécies de plantas nas dietas do veado Hangul e do veado almiscarado durante a primavera de 2011

• *Comparação da dieta de verão*

Poa annua foi a espécie vegetal dominante na dieta de verão do veado-vermelho da Caxemira, com uma composição de 12,5%, seguida de *Salix alba* (9,5%), *Hemerocallis fulva* (9.2%), *Hemerocallis fulva* (11%), *Solanum nigrum* (8,5%), *Portulaca oleracea* (8%), *Carex* sp. (8%), *Bromus japonicus* (8%) e *Aesculus indica* (7,3%), *Berberis lyceum* (6,5%) e plantas não identificadas 3%. As espécies de plantas dominantes na dieta dos veados almiscarados foram *Taraxacum officinale* (12,5%), *Abies pindrow* (10,5%), *Polygonum alpinum* (10,2%), *Solidago virgaaurea* (9,8%), *Rumex* sp. (9,4%), *Berberis lyceum* (9%), *Quercus rober* (7,8%), *Alchemilla vulgaris* (7,5%) e plantas não identificadas 6%. *A Berberis lycium* era comum tanto no veado de Hangul como no veado almiscarado (Fig. 7.10).

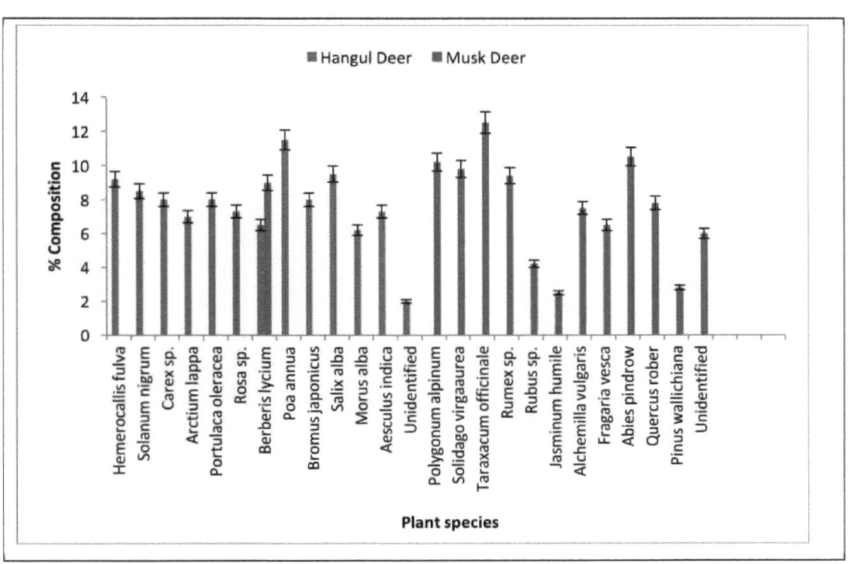

Fig. 7.10: Proporções de espécies de plantas nas dietas do veado-campeiro e do veado-mateiro durante o verão de 2011

• *Comparação da dieta de outono*

Indigofera sp. foi a espécie vegetal dominante na dieta de outono do veado-vermelho da Caxemira com 13,7% de composição, seguida de *Poa annua* (12,5%), *Rosa* sp. (11,3%), *Parrotiopsis jacquemontiana* (10.2%), *Rubus* sp. (10.2%), *Jasminum humile* (9.5%), *Quercus rober* (9%), *Polygonum sp.* (7.2%), *Populus* sp. (6.7%), *Prunus prostate* (4.7%), *Dipsacus inermis* (2.5%), e plantas não identificadas 2%. As espécies vegetais dominantes na dieta dos veados almiscarados foram *Rhododendron anthopogon* (10,7%), *Gaultheria trichophylla* (10,2%), *Abies pindrow* (9,7%), *Taraxacum officinale* (9%), *Alchemilla vulgaris* (8.5%), *Quercus rober* (8,3%) e *Rubus* sp. (7,5%), *Rumex* sp. (7,5%), *Polygonum alpinum* (6,5%), *Dipsacus inermis* (6,3%), *Jasminum humile* (5,5%), *Solidago virgaaurea* (4,2%) e não identificado 6%. *Dipsacus inermis, Polygonum sp., Rubus* sp. e *Jasminum humile* foram comuns tanto no veado de Hangul como no veado almiscarado (Fig. 7.11).

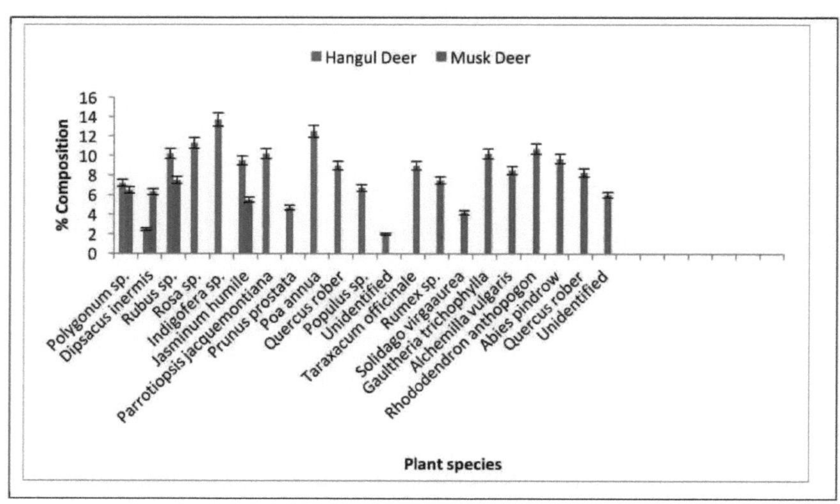

Fig. 7.11: Proporções de espécies vegetais nas dietas do veado-campeiro e do veado-mateiro durante o outono de 2011

- Comparação da dieta de inverno

Parrotiopsis jacquemontiana foi a espécie vegetal dominante na dieta de inverno do veado-vermelho da Caxemira, com uma composição de 12,2%, seguida de *Quercus rober* (9,4%), *Rosa* sp. (9,3%), *Jasminum humile* (9,2%), *Rubus* sp. (10,2%), *Poa annua* (8,5%), *Berberis lyceum* (5,6%), *Euphorbia helioscopia* (5.2%), *Hedera nepalensis* (5,2%), *Rumex* sp. (4,6%), *Viola biflora* (4,5), *Pinus wallichiana* (4,2%), *Artemisia* sp. (3,5%), *Salix* sp. (3,5%), *Sorghum helipense* (3.2%), *Capsila bursa pastoris* (3%), *Populus alba* (3%), *Celtis australis* (2,4%), *Robinia pseudoaccacia* (2,3%) e plantas não identificadas 2%. As espécies vegetais dominantes na dieta dos cervos almiscarados foram *Berberis lycium* (11,3%), *Taraxacum officinale* (11,2%), *Abies pindrow* (9,6%), *Dipsacus inermis* (9,2%), *Rumex* sp. (8,5%), *Rubus* sp. (7.5%) e *Alchemilla vulgaris* (7,5%), *Indigofera heterantha* (6,8%), *Polygonum alpinum* (6,4%), *Quercus rober* (6,3%), *Vibernum cotinifolium* (4,2%), *Gaultheria trichophylla* (3,6%), *Pinus wallichiana* (3,3%) e não identificado 4%. *Berberis lyceum, Quercus rober e Pinus wallichiana* eram comuns tanto no veado de Hangul como no veado almiscarado (Fig. 7.12).

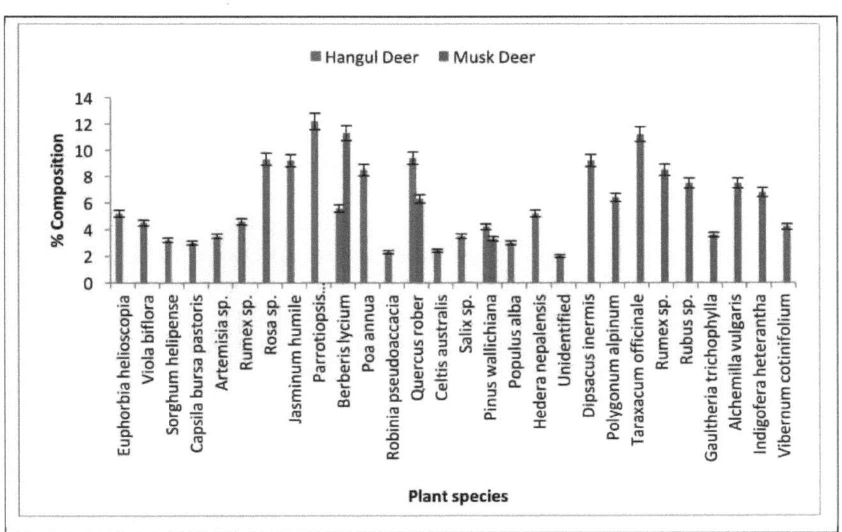

Fig. 7.12: Proporções de espécies de plantas nas dietas do veado-campeiro e do veado-mateiro durante o inverno de 2011

7.4.3 Sobreposição de dietas

- *primavera* - O presente estudo revela que, durante a primavera, duas espécies de plantas, nomeadamente, as espécies *Rumex* (6- hangul, 9- veado almiscarado) e *Berberis lycium* (6- hangul, 9,3- veado almiscarado) são preferidas por ambos os animais e, por conseguinte, o fator de sobreposição da dieta, Cλ, é inferior a 0,25, o que indica uma pequena sobreposição da dieta entre o veado Hangul e o veado almiscarado no Parque Nacional de Dachigam (Fig. 7.9).

- *verão* - Durante a estação do verão, uma espécie de planta, a *Berberis lycium* (6,5- hangul, 9- veado almiscarado) é preferida por ambos os animais e, por conseguinte, o fator de sobreposição da dieta, Cλ é inferior a 0,25, o que indica uma pequena sobreposição da dieta entre o veado Hangul e o veado almiscarado no Parque Nacional de Dachigam (Fig. 7.10).

- *outono* - Durante o outono, as espécies *Dipsacus inermis* (2,5- hangul, 6,3- veado almiscarado), *Polygonum alpinum* (7,2- hangul, 6,5- veado almiscarado), *Rubus* (10,2- hangul, 7,5- veado almiscarado) e *Jasminum humile* (9,5- hangul, 5.5- veado almiscarado) são preferidos por ambos os animais e, por conseguinte, o fator de sobreposição da dieta, Cλ, é superior a 0,25 mas inferior a 0,50, o que indica uma sobreposição média da dieta entre o veado de Hangul e o veado almiscarado no Parque Nacional de Dachigam (Fig. 7.11).

- *inverno* - Durante o inverno, o *Berberis lycium* *(5,6* hangul, 11,3- veado almiscarado), o *Quercus rober* (9,4- hangul, 6,3- veado almiscarado) e o *Pinus wallichiana* (4,2- hangul, 3.O fator de sobreposição da dieta, Cλ, é superior a 0,25 mas inferior a 0,50, o que indica uma sobreposição média da dieta entre o veado de Hangul e o veado almiscarado no Parque Nacional de Dachigam (Fig. 7.12).

Durante o outono e o inverno, a presente investigação revela uma sobreposição sensível da dieta entre o veado-vermelho da Caxemira e o veado-almiscarado na área de estudo, o que indica uma sobreposição substancial do nicho entre o veado-da-Caxemira e o veado-almiscarado. Com efeito, no final do outono e no inverno, a população de veados desloca-se para altitudes mais baixas para pastar e explorar, devido a fortes nevões e perturbações nas zonas superiores. Nas altitudes mais baixas, o veado almiscarado permanece de finais de novembro a fevereiro (outono e inverno). Esta zona de altitudes mais baixas é também frequentemente utilizada pelo veado Hangul no outono e no inverno.

CAPÍTULO 8: INTERACÇÃO COM O HABITAT

8.1 INTRODUÇÃO

O requisito básico para a conservação e gestão dos ungulados é o conhecimento sólido do seu padrão específico de utilização do habitat. Nos Himalaias ocidentais, apenas alguns estudos recentes se centraram na associação entre os ungulados e as componentes do seu habitat (por exemplo, Fox *et al.* 1998, Ben-Shahar 1990, Mishra 1993, Sathyakumar 1994 e Bhatnagar 1997). A seleção de uma área por uma espécie depende da disponibilidade de recursos específicos nessa área particular, que podem satisfazer as necessidades da espécie.

A utilização do habitat pelos ungulados é geralmente determinada por factores como a disponibilidade de alimentos e água, o abrigo, a cobertura de fuga e a extensão da utilização humana (Duncan 1983 e Putman 1986). Nos Himalaias, a altitude, o aspeto e o declive determinam a distribuição das espécies vegetais e, por conseguinte, desempenham um papel importante na determinação da utilização do habitat. A maior parte da variação sazonal na interação com o habitat por parte dos ungulados tem sido associada a mudanças sazonais na disponibilidade de alimentos e de cobertura protetora. A abundância de predadores e as estratégias anti-predatórias são também importantes para determinar os habitats preferidos pelos ungulados de montanha (Mishra 1993, Sathyakumar 1994).

Os estudos sobre interações de ungulados com o habitat são muito raros na Índia. A interação com o habitat do veado-vermelho da Caxemira foi estudada por Schaller (1967), Kurt (1970) e Holloway (1971). Ahmad (2006) e Bhat (2008) estudaram também alguns aspectos do habitat da espécie em Dachigam. Kattel (1990) estudou a utilização do habitat e o padrão de deslocação do veado-almiscarado dos Himalaias no Parque Nacional de Sagarmatha e Green (1985) e Sathyakumar (1994) no Santuário de Vida Selvagem de Kedarnath. Em Jammu e Caxemira não existe praticamente nenhuma informação sobre os padrões de interação com o habitat do veado almiscarado de Caxemira (*Moschus cupreus*). Apenas foram realizados estudos de curta duração sobre os padrões de interação com o habitat de ungulados em J&K, sobretudo do veado almiscarado de Caxemira. Assim, através do presente estudo, foi feita uma tentativa de identificar os principais factores que regulam a interação com o habitat destes mamíferos ungulados no Parque Nacional de Dachigam.

8.2 OBJECTIVOS

O presente estudo foi realizado com os seguintes objectivos

> Determinar as tendências sazonais de seleção de habitat do veado-vermelho e do veado-almiscarado de Caxemira.

> Determinar a variação altitudinal e os possíveis factores dos movimentos sazonais destes ungulados.

8.3 MÉTODOS

Para quantificar a disponibilidade de utilização de ungulados em Dachigam, foram utilizados os trilhos existentes, uma vez que não era viável colocar os transectos aleatoriamente devido às caraterísticas do terreno. Foram colocadas parcelas de dez metros a cada 200m de intervalo ao longo destes trilhos, seguindo Marcum & Loftgaarden (1980). Os dados sobre a disponibilidade das variáveis de habitat foram registados sazonalmente. Para quantificar a utilização, os trilhos foram percorridos duas vezes por mês. Sempre que um animal/grupo de animais era encontrado, o habitat com a altitude era registado. A disponibilidade do habitat e a sua interação foram registadas durante a primavera, o verão, o outono e o inverno, percorrendo sistematicamente o seu habitat.

A seleção do habitat foi avaliada comparando a disponibilidade do habitat com o número de animais observados em cada habitat. O teste de ajuste do qui-quadrado (Neu *et al.* 1974, Byers *et al.* 1984) foi um dos métodos mais utilizados para comparar estatisticamente a disponibilidade de recursos e a interação.

Preferência de habitat

A preferência de habitat foi examinada através da observação direta de sedimentos fecais pelo método de transectos em linha. A disposição dos transectos e das parcelas foi idêntica à dos estudos populacionais, exceto no que se refere à forma e ao tamanho das parcelas. Para este efeito, foram utilizadas parcelas circulares de $10m^2$ e a presença e ausência de fezes foi registada em cada parcela (Wegge 1976). A preferência de habitat era diretamente proporcional à taxa de encontro de pellets num determinado habitat ou local (Pokharel 1996).

Tabela 8.1: Variáveis de habitat e respectivas categorias utilizadas na quantificação da seleção de habitat por ungulados no Parque Nacional de Dachigam.

Variáveis do habitat	Descrição
Altitude	Elevação em metros
Preferência de habitat	α Contagem de grupos de pellets

8.4 RESULTADOS E DISCUSSÃO

- Cervo vermelho de Caxemira

Utilização da altitude

Dos 349 animais de veado Hangul avistados, só foram recolhidos dados sobre o uso da altitude para 243 animais, uma vez que os restantes foram avistados durante a procura deliberada de áreas específicas e de indivíduos conhecidos.

O veado-vermelho da Caxemira utilizou principalmente zonas entre 2000 e 2800 m de altitude em todas as estações (Quadro 8.2, Fig. 8.1). As áreas acima de 3400 m foram consistentemente evitadas pelos veados, exceto no verão, em que os veados se segregam completamente e podem ser deslocados para as encostas meridionais, que fornecem boa forragem, e as áreas dos vales são mais quentes e não são adequadas para o Hangul, pelo que migram para zonas mais elevadas do

Parque Nacional de Dachigam. Não se registaram diferenças gerais significativas na utilização das altitudes entre as estações. Os veados Hangul na área foram mais avistados (72,9%) em áreas com altitudes entre 2000-2800m e os avistamentos foram baixos em altitudes abaixo de 2000m (9,7%) e acima de 2800m (17,2%). O movimento da população de Hangul das altitudes superiores para as zonas de vale no inverno e na primavera pode ser atribuído às condições meteorológicas de frio extremo nas altitudes superiores. O veado Hangul prefere principalmente as encostas orientais e mais íngremes, porque as encostas orientais estão mais expostas à luz do sol, o que proporciona um alívio dos ventos frios e rigorosos.

Na primavera e no inverno, o veado utiliza a altitude que se estende de 2000 a 3400 m, preferindo o intervalo 2000-2800 m. No verão e no outono, utiliza a altitude de 2000 a 3600 m e prefere o intervalo 2100-3200 m. Não se registou qualquer variação altitudinal anual na zona. Schaller (1969) verificou que o Hangul utiliza a altitude acima de 2050 m no Parque Nacional de Dachigam.

Quadro 8.2: Utilização (%) da altitude pelo veado-vermelho de Caxemira no Parque Nacional de Dachigam durante 2010-

2012.

Altitude (m)	primavera (N= 59)	verão (N= 55)	outono (N= 65)	inverno (N= 64)	Global (N= 243)	Intensidade de utilização
< 2000	9.6	6.2	10.4	12.6	9.70	Baixa
2001-2200	12.6	8.5	13.3	26.5	15.22	Elevado
2201-2400	21.7	18.6	22.7	24.8	21.95	Elevado
2401-2600	22.6	17.8	26.4	20.2	21.75	Elevado
2601-2800	18.5	15.4	12.6	9.4	13.97	Moderado
2801-3000	9.7	12.5	8.3	4.2	8.67	Baixa
3001-3200	3.8	8.5	3.0	2.1	4.35	Baixa
3201-3400	1.4	6.6	2.1	0	2.52	Baixa
3401-3600	0	3.6	1.0	0	1.15	Baixa
3601-3800	0	2.2	0	0	0.55	Baixa
3801-4000	0	0	0	0	0.0	Nulo
> 4000	0	0	0	0	0.0	Nulo

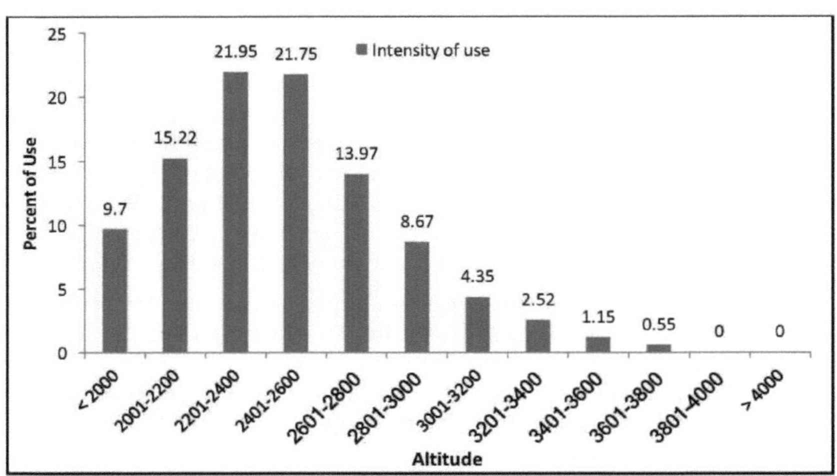

Fig. 8.1: Representação em barras da utilização altitudinal do veado de Hangul em Dachigam (2010-2012)

Preferência *de habitat*

Foi observado um total de 280 grupos de pelotas de veado de Hangul em 07 tipos de habitat diferentes da área total de estudo (Tabela 8.3, Fig. 8.2) em todas as estações. No entanto, no inverno foram encontrados muito menos grupos de pellets devido à inacessibilidade e ao mau tempo nas zonas altas. O número de grupos de pellets encontrados durante cada estação varia significativamente e mostra, assim, uma preferência sazonal variada por habitats.

• Na primavera, foi observado um total de 68 grupos de pellets em todos os tipos de habitat do Parque Nacional, com um maior número de grupos de pellets na Floresta Decídua Temperada Húmida (29,05%), seguida dos Prados (27,35%), do Pinhal Azul (18,41%), da Floresta Mista Temperada Média (13,54%), da Floresta Mista de Resinosas (7,41%) e da Floresta de Bétulas e Rododendros (4,23%).

• No verão, foi observado um total de 84 grupos de pellets em todos os tipos de habitat do Parque Nacional, com um maior número de grupos de pellets na floresta mista temperada média (25,26%), seguida da floresta de pinheiro-azul (23,61%), prados (21,23%), floresta decídua temperada húmida (18,71%), floresta mista de coníferas (6,71%) e floresta de bétulas e rododendros (4,52%).

• No outono, foi observado um total de 86 grupos de pellets em todos os tipos de habitat do Parque Nacional, com um maior número de grupos de pellets nos prados (27,27%), seguidos da floresta decídua temperada húmida (26,90%), da floresta de pinheiro-azul (21,95%), da floresta mista temperada média (14,71%), da floresta de bétulas e rododendros (4,67%) e da floresta mista de coníferas (4,55%).

• No inverno, foi observado um total de 42 grupos de pellets em todos os tipos de habitat do Parque Nacional, com um maior número de grupos de pellets na Floresta Decídua Temperada Húmida (37,57%), seguida dos Prados (34,38%), do Pinhal Azul (14,18%), da Floresta Mista Temperada Média (10,50%) e da Floresta Mista de Resinosas (3,34%).

A floresta decídua temperada húmida tem a preferência de habitat mais elevada (28,06%), pelo que é considerada o melhor habitat para o veado-vermelho da Caxemira e o habitat da floresta de bétulas e rododendros tem a preferência de habitat mais baixa (3,35%), pelo que é menos preferido pelo veado. A preferência mais elevada pelo habitat "Moist Temperate Deciduous" pode dever-se a condições eudapho-climáticas específicas e à disponibilidade de plantas alimentares preferidas, como *Solanum nigram*, *Hemerocallis fulva*, *Parrotiopsis jacquemontiana*, *Bromus japonicus*, *Poa annua*, *Aesculus indica*, *Morus alba*, *Salix alba*, *Rubus* sp., *Rosa* sp., *Indigofera* sp., *Quercus rober*, *Artemisia* sp. e *Viola biflora*. Além disso, o veado-mateiro prefere principalmente os prados abertos em vez dos prados altos próximos para reduzir o risco de predação. O veado Hangul mostrou uma preferência mais baixa na floresta mista de coníferas e relativamente nenhuma preferência nas pastagens alpinas devido ao dossel muito denso e às poucas plantas alimentares na floresta de coníferas e à elevada perturbação nas zonas superiores dos prados alpinos.

O presente estudo sobre a utilização do habitat é também apoiado por Ahmad (2006) e Sharma *et al.* (2010), que registaram a abundância máxima de veados entre 2400m a 2700m e migram para altitudes mais elevadas entre o final da primavera e todo o verão.

Quadro 8.3: Utilização do habitat (% de grupos de pelotas) pelo veado-vermelho de Caxemira no Parque Nacional de Dachigam durante 2010-2012.

Habitat	Aspeto	Valor de preferência (% de grupos de pellets presentes)				
		primavera (N=68)	verão (N=84)	outono (N=86)	inverno (N=42)	Global (N=280)
MTDF	Oeste, Noroeste	29.05	18.71	26.90	37.57	**28.06**
GL	Sudoeste	27.35	21.23	27.27	34.38	**27.56**
BPF	Norte, Nordeste	18.41	23.61	21.95	14.18	**19.53**
TMF	Sudoeste	13.54	25.26	14.71	10.50	**16.00**
MCF	Sudoeste, Sudeste	7.41	6.71	4.55	3.34	**05.50**
BR	Nordeste, Sudeste	4.23	4.52	4.67	0.00	**3.35**
AP	Nordeste	0.00	0.00	0.00	0.00	**0.00**

MTDF- Floresta Estacional Decidual Húmida; **GL**- Pastagem; **BPF**- Floresta de Pinheiro Bravo; **TMF**- Floresta Mista de Temperaturas Médias; **MCF**- Floresta Mista de Resinosas; **BR**- Bétula Rododendro;

AP- Pastagens Alpinas

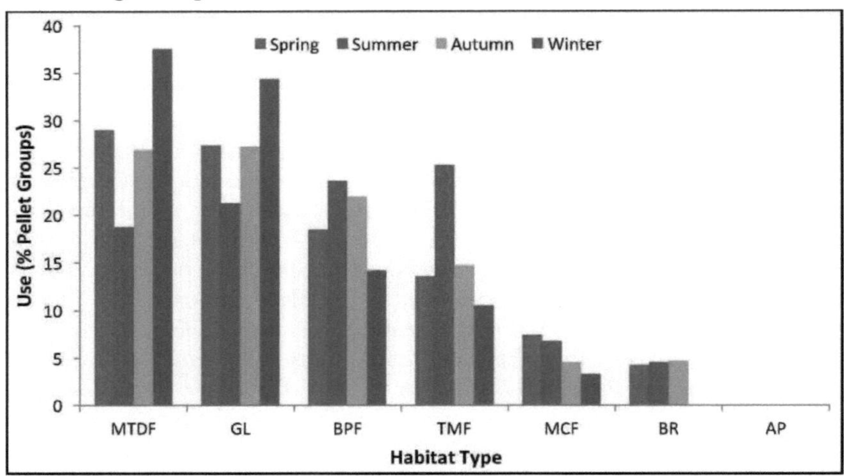

Fig. 8.2 : Representação em barras da preferência de habitat do veado de Hangul em Dachigam (2010-2012)

- Cervo almiscarado de Caxemira

Utilização da altitude

Dos 110 animais de veado almiscarado avistados, só foram recolhidos dados sobre o uso da altitude para 53 animais, uma vez que os restantes foram avistados durante a procura deliberada de áreas específicas e de indivíduos conhecidos.

O veado almiscarado de Caxemira utilizou principalmente zonas entre 2700 e 3400 m de altitude em todas as estações (Quadro 8.4, Fig. 8.3). As zonas acima de 3400 m foram sistematicamente evitadas pelos veados, exceto no inverno, em que os veados se deslocavam para o Dachigam inferior (para se alimentarem) devido à elevada cobertura de neve nas zonas superiores. Não se registou uma diferença geral significativa na utilização das altitudes entre as estações. Os veados almiscarados da zona foram mais avistados em zonas com altitudes entre 2700 e 3400 m e os avistamentos foram baixos em altitudes inferiores a 2700 m e superiores a 3400 m. A deslocação da população de cervos-almiscarados das altitudes mais elevadas para as zonas mais baixas no inverno pode ser atribuída à escassez de alimentos e às condições meteorológicas de frio extremo nas altitudes mais elevadas. O cervo-almiscarado prefere principalmente as encostas orientais, densas e mais íngremes, porque as encostas orientais têm uma copa densa e estão mais expostas à luz do sol, o que proporciona um alívio dos ventos frios e rigorosos.

No outono e no inverno, o veado utiliza a altitude que se estende de 2000 a 3400m e prefere a gama 2600-3200m. Na primavera e no verão, utiliza a altitude de 2400 a 3600 m e prefere a faixa de 2600-3200 m. Não se registou qualquer variação altitudinal anual na área. Green (1985) referiu que o veado almiscarado utiliza a altitude de 2710 a 3110 m nos Himalaias ocidentais. Green (1985) e Sathyakumar (1994) também referiram a utilização de altitudes mais elevadas pelo veado almiscareiro no Santuário de Vida Selvagem de Kedarnath. Os resultados do presente estudo não coincidem com as conclusões anteriores, uma vez que as altitudes mais elevadas de Dachigam (acima de 3500 m) estão frequentemente cobertas de neve intensa.

Quadro 8.4: Utilização (%) da altitude pelo veado almiscarado de Caxemira no Parque Nacional de Dachigam durante 2010-2012.

Altitude (m)	primavera (N= 16)	verão (N= 14)	outono (N= 13)	inverno (N= 10)	Global (N= 53)	Intensidade de utilização
< 2000	0	0	0	0	0	Nulo
2001-2200	0	0	0	0	0	Nulo
2201-2400	0	0	1.2	3.5	1.17	Baixa
2401-2600	15.6	13.5	14.1	16.4	14.90	Moderado
2601-2800	24.8	22.6	24.5	28.4	25.07	Elevado
2801-3000	31.5	28.7	26.6	33.2	30.00	Elevado
3001-3200	18.3	21.5	22.7	18.3	20.20	Elevado
3201-3400	9.7	12.2	9.6	0	7.87	Baixa
3401-3600	0	1.6	1.2	0	0.70	Baixa
3601-3800	0	0	0	0	0	Nulo
3801-4000	0	0	0	0	0	Nulo
> 4000	0	0	0	0	0	Nulo

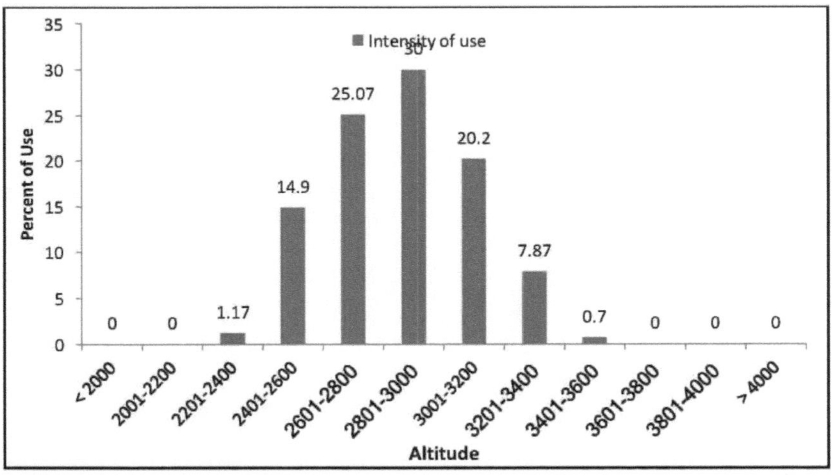

Fig. 8.3: Representação em barras da utilização altitudinal do veado almiscarado em Dachigam (2010-2012)

Preferência *de habitat*

Foi observado um total de 115 grupos de pelotas de veado almiscarado em 07 tipos de habitat diferentes da área de estudo total (Tabela 8.5, Fig. 8.4) em todas as estações. No entanto, no inverno foram encontrados muito menos grupos de pellets devido à inacessibilidade e ao mau tempo nas zonas altas. O número de grupos de pellets encontrados durante cada estação varia significativamente e, consequentemente, mostra uma preferência sazonal variada e convicta por habitats.

• Na primavera, foi observado um total de 28 grupos de pellets em dois tipos de habitat do Parque Nacional, com uma contagem mais elevada de pellets na floresta mista de coníferas (64,8%), seguida da floresta de pinheiro-azul (29,7%). Foram também observados alguns grupos de pellets na floresta de bétulas e rododendros (5,4%).

• No verão, foi observado um total de 34 grupos de pellets em dois tipos de habitat do Parque Nacional, com a maior contagem de pellets na floresta mista de coníferas (65,3%), seguida da floresta de pinheiro-azul (24,3%). Foram também observados alguns grupos de pellets na floresta de bétulas e rododendros (7,2%) e na floresta mista temperada (3,2%).

• No outono, foi observado um total de 32 grupos de pellets em dois tipos de habitat do Parque Nacional, com a maior contagem de pellets na floresta mista de coníferas (64,2%), seguida da floresta de pinheiro-azul (25,6%). Foram também observados alguns grupos de pellets na floresta mista temperada (5,8%) e na floresta de bétulas e rododendros (4,7%).

• No inverno, foi observado um total de 21 grupos de pellets em dois tipos de habitat do Parque Nacional, com a maior contagem de pellets na floresta mista de coníferas (67,3%), seguida da floresta de pinheiro-azul (27,4%). Foram também observados alguns grupos de pellets na Floresta Mista Temperada (5,2%).

A floresta mista de coníferas tem a preferência de habitat mais elevada (65,40%), pelo que é considerada o melhor habitat para o veado almiscarado de Caxemira. A maior preferência pelo habitat da floresta mista de coníferas pode dever-se à densa copa das árvores e à disponibilidade de plantas alimentares preferidas, como *Taraxacum officinale, Berberis lycium, Alchemilla vulgaris, Indigofera heterantha, Abies pindrow, Quercus rober, Pinus wallichiana, Polygonum alpinum, Dipsacus inermis, Gaultheria trichophylla* e *Rhododendron anthopogon.*

O presente estudo sobre as utilizações do habitat é também apoiado por Green (1985) e Sathyakumar (1994)

Quadro 8.5: Utilização do habitat (% de grupos de pelotas) pelo veado almiscarado de Caxemira no Parque Nacional de Dachigam durante 2010-2012.

Habitat	Aspeto	Valor de preferência (% de grupos de pellets presentes)				
		primavera	verão	outono	inverno	Global

		(N=28)	(N=34)	(N=32)	(N=21)	(N=115)
MTDF	Oeste, Noroeste	0	0	0	0	**0**
GL	Sudoeste	0	0	0	0	**0**
BPF	Norte, Nordeste	29.7	24.3	25.6	27.4	**26.75**
TMF	Sudoeste	0	3.2	5.8	5.2	**3.55**
MCF	Sudoeste, Sudeste	64.8	65.3	64.2	67.3	**65.40**
BR	Nordeste, Sudeste	5.4	7.2	4.7	0	**4.32**
AP	Nordeste	0	0	0	0	**0.00**

MTDF- Floresta Estacional Decidual Húmida; **GL-** Pastagem; **BPF-** Floresta de Pinheiro Bravo; **TMF-** Floresta Mista de Temperaturas Médias; **MCF-** Floresta Mista de Resinosas; **BR-** Bétula Rododendro; **AP-** Pastagens Alpinas

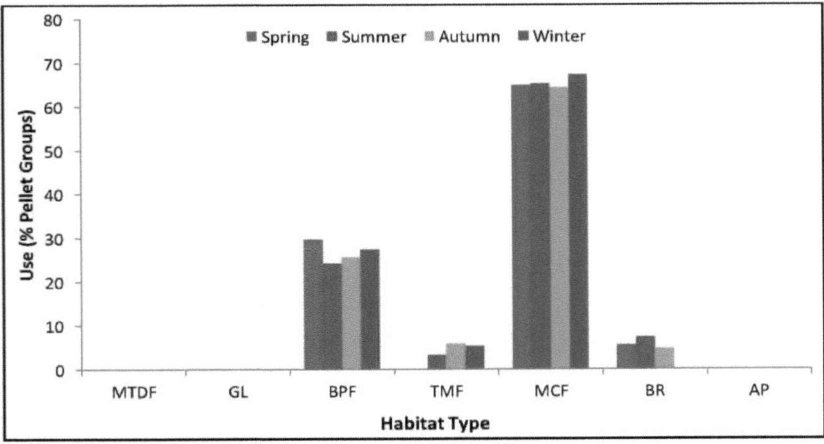

Fig. 8.4: Representação em barras da preferência de habitat dos veados almiscarados em Dachigam (2010-2012)

8.5 SEPARAÇÃO ECOLÓGICA

A utilização diferenciada das altitudes pelos ungulados no Parque Nacional de Dachigam é uma das principais razões para a sua separação ecológica. O veado de Hangul utiliza normalmente a parte inferior do Dachigam e altitudes inferiores a 2800 m, enquanto o veado almiscarado foi muito pouco observado abaixo dos 2800 m (Fig. 8.1 e Fig. 8.3). Houve uma pequena sobreposição na utilização da altitude pelo veado-japonês e pelo veado-mateiro, mas nunca foram avistados juntos. O Hangul mostrou uma preferência por habitats abertos e íngremes nos aspectos orientais, com baixas coberturas de árvores e arbustos, mas foram ecologicamente separados pelas suas preferências por diferentes zonas altitudinais. O veado almiscarado, com a sua área de distribuição altitudinal, era muito pouco simpático ao veado de Hangul. Mas estavam ecologicamente separados pela sua utilização diferencial das categorias de aspeto, declive (e cobertura). O veado almiscarado mostrava uma preferência por aspectos meridionais com uma cobertura arbustiva elevada, ao passo que o veado de Hangul na zona preferia sempre aspectos orientais com uma cobertura arbustiva baixa. Green (1985), Sathyakumar (1994), Ahmad (2006) e Sharma et al. (2010) registaram observações semelhantes.

CAPÍTULO 9: CONCLUSÃO E RECOMENDAÇÕES

9.1 INTRODUÇÃO

A Índia é um país que possui uma rica biodiversidade. Esta biodiversidade necessita de uma conservação adequada e o Plano de Ação Nacional para a Vida Selvagem recomendou a criação de uma rede representativa de zonas protegidas para atingir também este objetivo. A gestão do parque tem de estar equipada com todos os dados científicos sobre o estado exato dos recursos do parque, o processo ecológico em curso, a natureza das ameaças e oportunidades, etc., que ajudarão a tomar decisões adequadas e a adotar estratégias eficazes para enfrentar os vários desafios de gestão.

9.2 CONCLUSÃO

Os ungulados têm uma ampla distribuição nos Himalaias ocidentais. São as principais espécies de presas dos grandes carnívoros. O presente estudo explora alguns dos principais aspectos ecológicos e a alimentação dos ungulados (*Cervus elaphus hanglu* - veado-vermelho de Caxemira e *Moschus cupreus* - veado-almiscarado de Caxemira) presentes no Parque Nacional de Dachigam, situado entre 34°05 "N - 34°11 "N e 74°54 "E-75°09 "E na região ocidental da cordilheira dos Grandes Himalaias. Durante o estudo, foi registado um total de 349 indivíduos de diferentes idades e sexos de veado-vermelho da Caxemira numa área de 53 km2 , com uma taxa de encontro de 0,84/km de caminhada e uma densidade populacional de 1,64/km^2 . Foi observado um total de 7 tamanhos de grupo (1,2,3,5,10,15 e 20) com um tamanho médio de grupo de 6,57 animais. O rácio global de machos e fêmeas observado foi de 1: 1,64 e o rácio de jovens e traseiros de 1: 4, sem variações sazonais detectadas.

Durante o estudo, foi registado um total de 110 indivíduos de veado almiscarado de Caxemira numa área de 53 km2 , com uma taxa de encontro de 0,43/km a pé e uma densidade populacional de 0,53/km^2 . O cervo-almiscarado, sendo um animal solitário, foi observado com um rácio médio de machos e fêmeas de 1: 1,62. Não foram registados dados sobre a estrutura etária e o rácio jovem: adulto dos cervos-almiscarados devido à inacessibilidade e à impossibilidade de acesso.

Os componentes mais abundantes da dieta do veado-vermelho da Caxemira foram *Poa annua, Salix alba, Hemerocallis fulva, Solanum nigrum, Portulaca oleracea, Aesculus indica, Indigofera* sp., *Rosa* sp., *Parrotiopsis jacquemontiana, Jasminum humile, Quercus rober* e *Berberis lycium* no Parque Nacional.

Os principais componentes da dieta do veado almiscarado de Caxemira no Parque Nacional eram *Taraxacum officinale, Abies pindrow, Polygonum alpinum, Dipsacus inermis, Berberis lycium, Alchemilla vulgaris, Solidago virgaaurea, Quercus rober, Gaultheria trichophylla, Rumex* sp. e *Rhododendron anthopogon*.

O veado-vermelho da Caxemira utilizou sobretudo zonas entre 2000 e 2800 m de altitude em todas as estações, enquanto o veado-almiscarado apresenta uma amplitude atitudinal mais elevada, entre 2700 e 3400 m, no interior do Parque

Nacional.

A abordagem do habitat no estudo da vida selvagem é uma forma eficaz de gestão do parque, especialmente nas zonas com elevada invasão humana. Esta abordagem fornece ao gestor do parque uma visão clara das questões de gestão da área. O presente estudo revela que os melhores tipos de habitat para o veado-vermelho de Caxemira em Dachigam são a floresta decídua temperada húmida, os prados, a floresta de pinheiro-azul e a floresta mista temperada média do Parque Nacional, com a maior preferência pela floresta decídua temperada húmida (ribeirinha). O veado almiscarado apresenta a melhor preferência de habitat nas florestas mistas de coníferas e de pinheiro-azul do Parque Nacional.

Prevê-se que os resultados possam ser utilizados como informação de base para a gestão do habitat e a conservação das espécies no parque. A metodologia e os instrumentos utilizados no estudo podem ser úteis ao gestor do parque e às partes interessadas para compreender o comportamento das espécies.

9.3 CAUSAS DO ESGOTAMENTO DA VIDA SELVAGEM

- **Fragmentação do habitat**

O habitat e as variáveis antrópicas influenciam em grande medida a distribuição dos mamíferos, separando o habitat entre duas espécies. A separação de habitats entre o veado almiscarado e o veado-vermelho é bastante notável. A distribuição das principais espécies de mamíferos pode ser utilizada para apoiar uma gestão ecologicamente sustentável da vida selvagem. O controlo regular da população de animais selvagens e a recolha de informações sobre as preferências de habitat das espécies são extremamente importantes para uma gestão cientificamente sólida do parque. O habitat dos ungulados foi perturbado por muitos factores, sendo os mais proeminentes a estrada metálica de Lower Dachigam a Upper Dachigam, a fragmentação por explorações piscícolas, explorações de ovinos, o abastecimento de água do lago Marsar à aldeia de Dachigam e áreas adjacentes, linhas de transmissão e também a invasão por actividades agrícolas que limitam o movimento dos herbívoros no parque.

- **Interferência biótica**

Sem dúvida, a caça furtiva foi controlada a cem por cento pela administração, mas as perturbações foram causadas por vários departamentos do Governo de Jammu e Caxemira, tais como a caça (proteção e recintos para animais), pescas (incubadora de trutas), Tawaza Entertainment (VIP Lodge em Draphama), obras públicas (manutenção da estrada principal), horticultura (jardim do VIP Lodge), água e irrigação, saúde pública, pecuária doméstica (exploração ovina). O tráfego de veículos, que é a segunda maior fonte de interferência, é também responsável pela poluição sonora e atmosférica na região.

Parque. Há também todas as probabilidades de transferência de doenças dos ovinos para o Hangul, o que pode levar à diminuição da população.

- **Pastoreio de gado**

O Hangul é um migrador local, que se desloca atitudinalmente entre zonas de pastagem a grande altitude no verão e depois desce para altitudes mais baixas, onde passa o inverno. As fêmeas deixam as crias em maio nestas altitudes baixas, enquanto os machos que se segregam das fêmeas se deslocam para altitudes mais elevadas. Assim, o movimento é necessário e, ao causar perturbações contínuas nas terras altas, os movimentos naturais do Hangul são interrompidos. Além disso, o cio pode ocorrer perto destas zonas, pelo que o cio também pode ser perturbado. Os Bakerwals, os pastores locais e mesmo a exploração de criação de ovinos gerida pelo Estado levam o seu gado para o alto Dachigam durante os meses de verão.

- **Exploração de criação de ovinos**

A exploração de criação de ovinos e o centro de investigação foram criados no Parque Nacional no final dos anos 50, numa área de 1400 acres de terra em redor da base de Mahadev, pelo Departamento Estatal de Criação de Animais. As ovelhas são criadas na zona de Dagwan, em Upper Dachigam, durante o verão, e em Lower Dachigam, no inverno. Durante o inverno, as ovelhas são alimentadas com ração e, na primavera, quando a neve derrete, são levadas para o Alto Dachigam para pastar até ao fim do outono. A alimentação combinada de ovelhas e veados na mesma área não é benéfica para nenhum dos dois. As ovelhas e a fauna herbívora do Parque Nacional têm um gosto semelhante pelo pastoreio e pela capacidade de carga da zona. A semelhança das dietas dos veados e das ovelhas causará certamente conflitos sempre que a oferta das espécies preferidas for insuficiente. A construção de uma exploração ovina é um erro de planeamento lamentável. Para uma gestão bem sucedida do Parque Nacional, a exploração de criação de ovinos deve ser removida e transferida para outra parte do vale com melhores pastagens.

- **Predação**

A predação é um fenómeno natural e verifica-se em quase todos os animais. Mas quando a conservação é o objetivo final, a predação também é adversa, pelo que não é permitida. A população de Hangul pode ser influenciada por quatro grandes predadores: o urso castanho, o leopardo das neves, o leopardo e o urso preto dos Himalaias. Mas o leopardo foi considerado o principal predador que causou o declínio máximo da sua população.

Parece haver um aumento da população de predadores (principalmente leopardo e urso preto) devido a um aumento efetivo da população ou a um aumento artificial através da libertação de animais em conflito. Parece ter havido um aumento dramático do número de leopardos avistados em Dachigam e também provas (pelo) de Hangul nas fezes de leopardo (Bhat *t al*. 2012). Este facto pode também ter causado o baixo rácio de crias para crias que prevalece atualmente em Dachigam. Isto também pode ser verdade para locais fora de Dachigam.

- **Caça furtiva**

A caça furtiva foi identificada como a principal causa do declínio do Hangul (Gee

1966, Schaller 1969, Holloway e Schaller 1970, Kurt 1978). No entanto, o departamento deu um passo importante ao colocar a infantaria das forças armadas indianas em Dachigam para fazer face aos caçadores furtivos. A caça furtiva parece ter diminuído significativamente, embora as patrulhas anti-caça furtiva, que actuavam durante a época de cio e de inverno, se limitassem apenas ao Baixo Dachigam (Kurt 1978).

A caça furtiva por parte dos Gujjars, Bakarwals e outros pastores, que levam o seu gado para o Alto Dachigam durante o verão, é a principal causa do declínio do Hangul (Stockley 1936, Gee 1965). Esta situação é agravada em Dachigam pela interferência biótica em grande escala devido ao pastoreio do gado do Departamento Estatal de Pecuária, que utiliza Dagwan, no Alto Dachigam, como pasto. Nas vastas áreas de Nagaberan e Marser, milhares de ovelhas, cabras, cavalos e gado são pastoreados por pastores locais, gujjars de Caxemira, bem como por Bakarwals e Banyaris de Jammu. Esta situação criou potenciais concorrentes e fontes persistentes de perturbação para o Hangul durante o verão. A população de Hangul de Dachigam diminuiu de 3000 animais na década de 1940 para cerca de 200 em 1969, enquanto as ovelhas introduzidas em Dachigam NP em 1961 pelo Departamento Estatal de Criação de Animais aumentaram de 20 para cerca de 3000 durante o mesmo período. As ovelhas passam o verão no Alto Dachigam e o inverno no Baixo Dachigam (Kurt 1978). As elevadas densidades de gado podem competir com os ungulados selvagens nativos dos Himalaias (Mishra 2001). Estudos empíricos nas zonas adjacentes de Spiti, Himachal Pradesh, estabeleceram que o Bharal é ultrapassado pelo gado. Os veados e as ovelhas têm preferências semelhantes em termos de pastagem e são, por conseguinte, competitivos (Darling 1937, Smith 1953).

- **Alterações climáticas**

A explosão demográfica e a forte pressão dos turistas que visitam o vale e o próprio parque provocaram um declínio significativo da população de Hangul. A contaminação das massas de água de grande altitude é outro fator de preocupação que também fez diminuir a sua população no vale.

- **Doenças da fauna selvagem**

As doenças que causaram uma mortalidade em grande escala, mas numa população única e pequena, as probabilidades de propagação são grandes, pelo que é necessário ter cuidado. A atual exploração de criação de ovinos gerida pelo departamento de criação de animais pode ser uma fonte potencial de transmissão de doenças zoonóticas e deve ser abordada. Até à data, as autópsias ou mesmo a despistagem de doenças têm sido rudimentares, pelo que poderá ser necessário adotar regimes mais rigorosos de despistagem de doenças.

9.4 RECOMENDAÇÕES E MEDIDAS DE CONSERVAÇÃO

>O pastoreio de gado no habitat principal do veado de Hangul e do veado almiscarado no alto Dachiagm deve ser completamente proibido.

>O pastoreio do gado nos habitats do veado de Hangul e do veado almiscarado

no alto Dachigam deve ser feito de forma a que os habitats de ungulados fora do Parque Nacional sejam menos afectados ou não se esgotem. Para a melhoria das espécies de ungulados, deve ser estudado o efeito do sobrepastoreio, do corte de erva, do corte de madeira e o impacto de outras interferências bióticas.

>As zonas de habitat do veado-das-galápagos e do veado-almiscarado, especialmente as espécies vegetais preferidas para forragem nessas zonas, devem ser protegidas. Devem também ser feitos esforços para a plantação destas espécies vegetais nos seus habitats degradados.

>A sensibilização do público para a importância da biodiversidade em geral e das espécies em perigo/ameaçadas em particular deve ser aumentada para obter o seu apoio e cooperação nos esforços de conservação.

>As comunidades locais devem ser envolvidas na conservação e proteção do habitat principal dos ungulados. As pessoas que vivem nas imediações do Parque Nacional de Dachigam devem beneficiar de incentivos económicos, incluindo fontes de rendimento alternativas.

>Para uma gestão bem sucedida do Parque Nacional, a exploração de criação de ovelhas deve ser removida e relocalizada noutra parte do vale com melhores pastagens. A criação de ovelhas perturba a vida selvagem, reduz a qualidade da vegetação e aumenta o risco de caça furtiva. A transmissão de doenças representa um risco adicional de incêndio.

>***Zoneamento da área***: O zoneamento principal de vários tipos de usos dentro e ao redor do Parque Nacional deve ser bem estabelecido porque o parque é intensamente usado pelo VIP e outros departamentos. Deverá existir uma Zona Selvagem (sem interferência humana), uma Zona de Baixa Intensidade (utilização de estradas e trilhos, mas sem construção), uma Zona de Alta Intensidade (utilização de estradas e trilhos pelos visitantes e permissão de construções importantes).

>***Criação em cativeiro de Hangul***: Enquanto a totalidade das populações selvagens permanecer neste habitat único, haverá sempre o perigo do seu extermínio, mesmo que o seu número se multiplique significativamente no futuro dentro do Parque Nacional. Para evitar que tal aconteça, é essencial que se inicie um programa eficaz de reprodução em cativeiro. Para garantir a sobrevivência do habitat e da sua espécie, a criação em cativeiro do Hangul é uma necessidade urgente. Os veados dão-se muito bem em cativeiro e não há absolutamente nenhuma razão para que não prosperem em cativeiro no Parque Nacional de Dachigam. A unidade de reprodução em cativeiro deve ser fornecida por uma população exterior a Dachigam. Tal será útil para evitar a consanguinidade entre a população de Hangul existente em Dachigam. As crias devem ser posteriormente libertadas na natureza, onde a espécie é exterminada. Esta medida não é dispendiosa e contribuirá para a reabilitação da espécie.

O Hangul dá-se muito bem em semi-cativeiro, desde que o recinto não seja demasiado pequeno e que uma parte do mesmo esteja coberta de pedras, colocadas perto das vedações onde o animal se encontra maioritariamente. Se o solo dos cercados for liso e macio, os cascos crescerão muito e acabarão por ter de ser cortados. Os cercados devem ser suficientemente grandes para permitir que os veados andem à volta. É igualmente importante um controlo regular por um cirurgião veterinário assistente. As infra-estruturas para o projeto de criação em cativeiro devem ser construídas nas proximidades.

> **Investigação sobre *a vida selvagem*:** A investigação e a monitorização são muito necessárias para a gestão e conservação da biodiversidade. Para tomar decisões sobre as metas e objectivos da gestão do parque, é necessário desenvolver uma base de informação. É desejável ter uma base de investigação bem organizada, que ajudaria a gestão do parque. Quais são as densidades óptimas/realizáveis de ungulados em vários habitats do Parque Nacional de Dachigam é uma das perguntas mais frequentes feitas durante o estudo. Ecologicamente, o Parque Nacional de Dachigam é dotado de uma rica biodiversidade de flora e fauna raras, em perigo e ameaçadas. Os dados da investigação sobre a ecologia da vida selvagem, especialmente do veado almiscarado, em Dachigam são incompletos. Para uma gestão bem sucedida do Parque Nacional, a investigação é um requisito básico para obter o tipo correto de solução para os problemas ecológicos e de gestão. O número correto de espécies raras e ameaçadas, a sua base de presas e a capacidade de carga do Parque Nacional não são conhecidos. O recenseamento da população de espécies raras, ameaçadas (especialmente o veado almiscarado) e ameaçadas da fauna deve ser organizado ao longo do ano. O Hangul será contado em três períodos principais: em outubro (durante o cio), em janeiro/fevereiro (no Baixo Dachigam) e em março (quando os veados se alimentam da primeira polpa de erva nova). Será necessária uma quarta contagem anual em julho, no Alto Dachigam.

10 REFERÊNCIAS

Ahmad, K. 2006. Aspects of Ecology of Hangul (*Cervus elaphus hanglu*) in Dachigam National Park, Kashmir, India. Tese de doutoramento, Instituto de Investigação Florestal, Dehradun, Uttaranchal, Índia. 220 pp.

Ahmad, K. e J. A. Khan. 2007. Plano de Conservação a Longo Prazo para o Hangul (*Cervus elaphus hanglu*). Relatório final do projeto, Ministério do Ambiente e das Florestas (Divisão da Vida Selvagem), Governo da Índia, Nova Deli.

Ahmad, K. 2007. Cervo vermelho de Caxemira - A viagem final? HORNBILL, pp. 2831.

Ahmad, K., Sathyakumar S e Qamar Qureshi. 2002. Aspects of Ecology of Hangul (*Cervus elaphus hanglu*) in Dachigam National Park, Kashmir (India). Departamento de Proteção da Vida Selvagem, Governo de Jammu e Caxemira e Instituto de Vida Selvagem da Índia, Dehradun.

Altmann, J. 1974. Estudo observacional do comportamento: métodos de amostragem. *Behaviour.* **49:** 227-267.

Anon. 1993. Plano de ação para o Himalaia. Publicação Himavikas n.º 2. Almora, G.B. Pant Institute of Himalayan Environment and Development.

Anon. 1992. The Indian Wildlife (Protection) Act, 1972. Governo da Índia. Dehradun, Natraj Publishers.

Awasthi, A., S.K. Uniyal, G.S. Rawat e S. Sathyakumar. 2003. Food plants and feeding habits of Himalayan ungulates, *Current Science.* **85(6):** 719723 pp.

Aziz, M.A., S. Lone e F.A. Lone. 2010. An Overview of Hangul (*Cervus elaphus hanglu,*Wagner) in Dachigam National Park, Kashmir (India). *Forestrynepal.*

Bahamonde, N., S. Martin e A.P. Sbriller. 1986. Dietas de guanaco e veado vermelho na província de Neuruen, Argentina. *Journal of Range Management.* **39:** 22-24. **Barrette, C. 1991.** O tamanho dos grupos fluidos de veados-eixo no Parque Nacional de Wilpattu, Sri Lanka. *Mammalia.* **55:** 207-220.

Bano, Hanifa, P.P. Sharma e M.A. Kawoosa. 1995. Management plan of Dachigam National Park (1995-2000), Directorate of Environment and Remote Sensing Centre, J&K. Departamento de Proteção da Vida Selvagem, J&K.

Baugartsner, L.L., A.C. Martin. 1939. Histologia vegetal como ajuda em estudos alimentares de esquilos. *Journal of Wildlife Management.* 3: 226-268.

Begon, M., J.L. Harper, C.R. Townsend. 1990. Ecologia: Individuals, Populations and Communities. Blackwell Scientific Publications, Londres.

Bhat, G.A. 1985. Biological studies of grassland of Dachigam National Park, Kashmir. Tese de doutoramento, CORD, Universidade de Caxemira, Srinagar.

Bhat, B.A. 2008. Estudos ecológicos do veado hangul (*Cervus elaphus hanglu*

Wagner) com referência à sua conservação no Parque Nacional de Dachigam, Caxemira, Índia. Tese de doutoramento. Universidade de Caxemira, Srinagar, Índia.

Bhat, B.A., G.M. Shah, U. Jan, F.A. Ahangar, M.F. Fazil. 2009. Observations on rutting behaviour of Hangul Deer *Cervus elaphus hanglu* (Cetartiodactyla: Cervidae) in Dachigam National Park, Kashmir, India. *Journal of Threatened Taxa.* 1(6): 355-375.

Bhat, B.A., G.M. Shah, U. Jan. 2012. Predação de leopardo em veados hangul criticamente ameaçados de Caxemira: Uma preocupação séria para a conservação. *Jornal de Investigação em Biologia da Conservação.* **1:** 013-015.

Bhatnagar, Y.V. 1997. Origin and distribution of Himalayan ungulates and the factors affecting their present distribution. (In) Pangtey, Y.P.S. e Rawal, R.S. (Eds). High Altitude of the Himalaya. Nanital, Gyanodaya Prakhasan. p. 246254.

Bhatnagar, Y.V. 1997. Ranging and habitat utilisation by the Himalayan ibex (*Caprina ibex siberica*) in Pin Valley National Park. Tese de doutoramento, Universidade de Saurashtra, Rajkot. 144 pp.

Blanford, W.T. 1891. Fauna da Índia Britânica, incluindo o Ceilão e a Birmânia. Mammalia. Parte II. Londres, Taylor and Fransis.

Bugalho, M.N., J.A. Milne e P.A. Racey. 2001. The foraging ecology of red deer (*Cervus elaphus*) in the Mediterranean environment: is a larger body size advantageous? *Journal of Zoology London.* **255:** 285-289.

Burton, M. & R. Burton. (Gen. Eds.). 1990. Musk deer, pp. 1685-1686. (vol. 15). The Marshal Cavendish International Wildlife Encyclopaedia. Marshal Cavendish Corporation, Nova Iorque.

Byers, C.R., R.K. Steinhorst e P.R. Krausman. 1984. Classification of a technique for analyses of utilization-availability data *J. Wildl. Manage.* **48:** 1050-1053.

Cavallini, P. 1992. Survey of the goral *Naemorhedus goral* (Hardwicke) in Himachal Pradesh. *J. Bombay Nat. Hist. Soc.* 89: 302-307.

Cavallini, P. 1990. Status of goral *(Naemorhedus goral)* in Himachal Pradesh, India. *Caprinae News.* 5(1): 4-6.

Champion, H. G. e S.K. Seth. 1968. A Review Survey of the Forest Types of India. Publicação do Governo da Índia, Deli. 404 pp.

Charoo, S.A., L.K. Sharma e S. Sathyakumar. 2010. Conflitos entre o urso-negro-asiático e o homem em redor do Parque Nacional de Dachigam, Caxemira. Relatório técnico. Instituto de Vida Selvagem da Índia, Dehradun. 36 pp

Charoo, S.A., L.K. Sharma e S. Sathyakumar. 2010. Distribuição e abundância relativa de Hangul (*Cervus elaphus hanglu*) no Parque Nacional de Dachigam. Revista Espanhola de Vida Selvagem GALEMYS. 22: XX-XX, 1137-8700.

Chundawat, R.S. 1992. Estudos ecológicos sobre o leopardo-das-neves e as suas espécies associadas no Parque Nacional de Hemis, Ladakh. Tese de doutoramento, Universidade de Rajasthan. 166 pp.

Chupra, I.C., K.L. Handa, L.D. Kaput. 1958. Indigenous drugs of India, Calcutá, 2nd Edn.

Dang. H. 1968. Musk deer of Himalaya. *Cheetal (J. Wildl. Preserv. Soc. India,* Dehradun) 2: 84-95.

Departamento de Proteção da Vida Selvagem. 1996. Hangul an overview (Census report for February 1996) Dachigam National Park, Department of Wildlife Protection, J&K Government.

Departamento de Proteção da Vida Selvagem. 1997. The Call or Red Deer (Hangul Census 1997) Dachigam National Park, Departamento de Proteção da Vida Selvagem, Governo de J&K.

Departamento de Proteção da Vida Selvagem. 2000. Dachigam National Park; Annual Hangul Census Report, Departamento de Proteção da Vida Selvagem, Governo de J&K.

Departamento de Proteção da Vida Selvagem. 2001. Annual Animal Census Report- Dachigam National Park and adjoining areas. Departamento de Proteção da Vida Selvagem, Governo de J&K.

Departamento de Proteção da Vida Selvagem. 2002. Relatório sobre o recenseamento anual dos animais (Fase I). Departamento de Proteção da Vida Selvagem, Governo de J&K.

Departamento de Proteção da Vida Selvagem. 2003. Relatório do censo Hangul 2002-2003, Vol-4 (41). Secção de Informação e Publicidade do Departamento de Proteção da Vida Selvagem, Governo de J&K.

Dirzo, R. & A. Miranda. 1991. Padrões alterados de herbivoria e diversidade no sub-bosque da floresta: um estudo de caso das possíveis conseqüências da defaunação contemporânea. In: *Interações Planta-Animal: Evolutionary ecology in tropical and temperate regions.* P.W. Price, T.M. Lewinsohn, G.W. Fernandes & W.W. Benson (Eds.). Wiley and Sons Pub. Nova Iorque pp: 273-287.

Dusi J. 1949. Métodos para a determinação dos hábitos alimentares por microtécnica e histologia de plantas e sua aplicação aos hábitos alimentares do coelho do rabo de algodão. *Journal of Wildlife Management.* 13: 295-298.

Fakhar-i-Abbas. 2006. A study on ecobiology of Gray Goral (*Naemorhedus goral*) with reference to Pakistan. Tese de doutoramento, Universidade de Punjab, Lahore, Paquistão.

Fitzgerald, A.E. & D.C. Waddington. 1979. Comparação de dois métodos de análise fecal de herbívoros. *J. Wildl. Mgmt.* 43: 468-470.

Fox, J.L., S.P. Sinha e R.S. Chundawat. 1992. Activity patterns and habitat use of ibex in Himalaya Mountains of India, *J. Mammal.* 73: 527-534.

Fox, J.L., C.Nurbu e R.S. Chundawat. 1991. The mountain ungulates of

Ladakh, India. *Biol. Conserv.* **58**: 167-190

Fox, J.L., S.P. Sinha, R.S. Chundawat e P.K. Das. 1988. A field survey of snow leopard presence and habitat use in North Western India. (In) Freeman, H.(Ed.). Proceedings of the Fifth International Symposium, International Snow Leopard Trust for Nature Conservation, WWF-India.

Fraser, M., I. Gordon. 1997. The diet of goats, red deer and South American camelids feeding on contrasting Scottish upland vegetation communities. *J. Appl. Ecol.* **34**: 668-686.

Garcia-Gonzalez, R., P. Caurtas. 1992. Hábitos alimentares de *Capra pyrenaica, Cervus elaphus,Dama dama* na Serra de Cazorla (Espanha). *Mammalia* **56(2):** 195-202.

Gaston, A.J. & P.J. Garson. 1992. A re-appraisal of the Great Himalayan National Park. Um relatório para o Himachal Pradesh. Dept. of Forest Farming and Conservation. Fundo Internacional para a Conservação da Natureza, WWF-Índia. 80 pp.

Gaston, A.J., M.L. Hunter e P.J. Garson. 1981. The Wildlife of Himachal Pradesh, Western Himalayas. Universidade do Maine. Escola de Recursos Florestais. Relatório Técnico nº 82.

Gee E.P. 1966. Report on the status of the Kashmir Red Deer. *J. Bom. Nat. His. Soc.* 62 (3): 87-109.

Geist, V. 1971. Mountain sheep: a study in behaviour and evolution. Chicago, University of Chicago Press. 383 pp.

Geist, V. 1998. Cervos do mundo. Their evolution, behaviour, and ecology. (Stackpole Books: Mechanicsburg, PA)

Ghosh, A.K. 1996. Faunal diversity. (In) Gujral, G.S. and Sharma, V. (Eds). Changing Perspectives of Biodiversity Status in the Himalaya. Nova Deli, The British Council. p. 43-52.

Green, MJ.B. 1978. The ecology and feeding behaviour of Himalayan Tahr (*Hemitragus jemlahicus*) in the Langtang Valley, Nepal, M.Sc. dissertation, University of Durham.

Green, M.B.J. 1985. Aspectos da ecologia do veado almiscarado dos Himalaias. Tese de doutoramento, Universidade de Cambridge.

Green, M.J.B. 1986. The Distribution ,Status and Conservation of the Himalayan Musk Deer, *Moschus chrysogaster,* Biological Conservation, 35: 347-373.

Green, M.J.B. 1989. Musk production from Musk Deer. (In) Hudson, R.J., Drew, K.R. e Baskin, L.M. (Eds.). Wildlife production systems: utilization of wild ungulates (Sistemas de produção de animais selvagens: utilização de ungulados selvagens). Cambridge, Cambridge University Press. p. 401-409.

Green, M.J.B. 1987. Composição e qualidade da dieta do veado almiscarado dos Himalaias com base na análise fecal. *J. Wildl. Manage.* 51(4): 880-892.

Groves, C.P., e P. Grubb. 1987. Relationships of Living Deer, In: *Biology and Management of the Cervidae* (Ed.: Wemmer, C.M.). Smithsonian Institution Press, Washington. D.C. pp. 21-59.

Grubb, P. 1993. Ordem Artiodactyla. (In) Wilson, D.E. e Reeder, D.M. (Eds). Mammal Species of the World. A taxonomic and Geographic reference. Washington, Smithsonian Institute Press.

Hofmann, R.R. 1989. Etapas evolutivas da adaptação ecofisiológica e diversificação dos ruminantes: uma visão comparativa do seu sistema digestivo. Oecologia **78:** 443-457.

Holechek J., M. Vavra, R. Pieper. 1982. Determinação da composição botânica de dietas de herbívoros: uma revisão. *J. Rang. Manag.* **35(3):** 309-315.

Holloway, C.W. 1970. O hangul em Dachigam: um recenseamento. Oryx, 10(6): 373382.

Holloway, C.W. 1971. Dachigam Wildlife Sanctuary, Kashmir with special reference to the status and management of Hangul. Proc. IUCN. 11th Technical Meeting IUCN Publ. 19: 109-112.

Holloway, C.W. 1974. Plano de gestão para o Santuário de Dachigam. *Cyclostyled.* pp. 66.

Horn, H.S. 1966. Medição da sobreposição em estudos ecológicos comparativos. *Am. Nat.*, **100:** 424-429.

Iason, G.R., S.E. van Wieren. 1998. Digestive adaptations of mammalian herbivores to low-quality forage (Adaptações digestivas de mamíferos herbívoros a forragens de baixa qualidade). Herbivores: Between Plants and Predators. Actas do 38[oth] Simpósio da Sociedade Britânica de Ecologia. Blackwell Scientific Publications, Oxford, 337-369 pp.

Iqbal, Shaheen, Qamar Qureshi, S. Sathyakumar e Mir Inayatullah. 2005. Predator-prey relationship with special reference to Hangul (*Cervus elaphus hanglu*) in Dachigam National Park, Kashmir- India. Departamento de Proteção da Vida Selvagem, Governo de J&K e Instituto de Vida Selvagem da Índia, Dehradun. **Jarman, P.J. 1974.** The organization of antelopes in relation to their ecology (A organização dos antílopes em relação à sua ecologia). *Behaviour* **48:** 215-267.

Jerdon, T.C. 1867. The mammals of India: A natural history of all the animals known to inhabit continental India. Roorkee, Thomson College Press.

Jhingran, A.G. 1981. Geologia dos Himalaias. (In) Lall, J.S. e Moddie, A.D. (Eds.). The Himalaya; aspects of change. Delhi, Oxford University Press.

Kattel, B.J. 1990. Ecology and Conservation of Himalayan Musk Deer in Nepal. Simpósio do Congresso Internacional de Ecologia e Conservação da Vida Selvagem, Yokohama, Japão: (apenas resumo).

Kattel, B.J. e A.W. Alldredge. 1991. Capturando o manuseamento do veado almiscarado dos Himalaias. *Wildl. Soc. Bull.* **19:** 397-399.

Kattel, B.J. 1992. Ecology of Himalayan Musk Deer in Sagarmatha National Park, Nepal. Tese de doutoramento, Universidade Estatal do Colorado, Fort Collins, Colorado, EUA.

Klein, D.R. 1985. Ecologia populacional: a interação entre os veados e o seu abastecimento alimentar. In: Fennessy, P.F., Drew, K.R. (Eds.), Biology of Deer Production, Vol. 22. Royal Society of New Zealand, 13-22 pp.

Kurt, F. 1970. Veado de Caxemira (*Cervus elaphus hanglu*) em Dachigam. IUCN/WWF, Projeto n.º 1103 (22-4) Hangul, Índia, 87-108.

Kurt, F. 1977. Kashmir deer (*Cervus elaphus hanglu*) in Dachigam. reunião de trabalho da IUCN. Grupo de especialistas em veados, Longview, mimeo. p. 43.

Kurt, F. 1978. O veado de Caxemira (*Cervus elaphus hanglu*) em Dachigam. Em Cervos ameaçados, Morges: IUCN. pp. 87-108.

Kurt, F. 1992. Veado de Caxemira (*Cervus elaphus hanglu*) em Dachigam.

IUCN/WWF, Projeto n.º 1103 (22-4) Hangul, Índia, 108-140.

Kurt, F. 1978. Threatened Deer. Actas de um programa da IUCN sobre veados ameaçados *Cervos* de Caxemira (*Cervus elaphus hanglu*) em Dachigam.

Kurt, F. 1979. Projeto IUCN/WWF nº 1103 (22-4) Hangul, Índia. Estudo ecológico para identificar as necessidades de conservação. Relatório final mimeo. p. 24.

Longhurst, W.M, J. Douglas e N.Baker. 1954. Parasites of Sheep and Deer.

Calif. Agri., 8(7): 5-6.

Lovari, S. e M. Appollonio. 1994. On the rutting behaviour of the Himalayan goral *Naemorhedus goral* (Hardwicke, 1825). *J. Ethol.* 12: 25-34.

Lydekker, R. 1924. The Game Animals of India, Birma, Malaya and Tibet. Rowland Ward, Londres.

Marcum, C.L. e D.O. Loftsgaarden. 1980. A non-mapping technique for studying habitat preferences. *J. Wildl. Manage.* **44(4):** 963-968.

Mani, M.S. 1974. Biogeografia dos Himalaias. (In) Mani, M.S. and Junk, W. (Eds). Ecology and Biogeography in India. Haia, B.V. Publishers.

Maria, M.J., R. Francisco e S.M. Francisco. 2003. Determinação de esquemas de amostragem óptimos para o estudo de dietas de veado-vermelho por análise fecal. *Silva Lusitana.* **11(1):** 91-99 pp.

Martin, D.J. 1962. An investigation of sheep diet by analysis of faecal material. In: Crisp, D.J. (ed.). *Grazing.* Actas 3rd Simpósio da Sociedade Ecológica Britânica.

Matsuki, R. 2004. Desenvolvimento de um novo método de investigação de ecossistemas utilizando a análise de ADN. Tese de doutoramento. Setor do

Ambiente Biológico, Japão, 277 pp.

Mead, J.I. 1989. *Naemorhedus goral.* Mamífero. Species. Sociedade Americana de Mamalogistas. 335: 1-5.

Mishra, C. 1993. Habitat use by goral in Majhatal Arsang Wildlife Sanctuary, Himachal Pradesh. Tese de Mestrado, Universidade de Saurashtra, Rajkot. 54 pp.

Moddie, A.D. 1981. Himalayan Environment. (In) Lall, J.S. e Moddie, A.D. (Eds). The Himalaya. Aspects of Change. Delhi, Oxford University Press. p. 341-350.

Mudasir-Ali. 2008. From Wilderness to the market: musk trade in Kashmir (Da natureza selvagem ao mercado: comércio de almíscar em Caxemira). *Wildlife Trust of India, Índia* (Relatório não publicado).

Mudasir-Ali e G.A. Bhat. 2011. Seleção de plantas alimentares em cativeiro pelo veado almiscarado de Caxemira, *Moschus cupreus*: uma breve experiência e comentário. *Eco. Env. & Cons.* 17(1): 96-100.

Mukerji, B. 1953. Indian Pharmaceutical codex. Conselho de Investigação Científica e de Engenharia, Nova Deli. pp. 49-150.

Neu, W.C., C.R. Byers e J.M. Peek. 1974. A technique for analyses of habitat-availability data. *J. Wildl. Manage.* **38(3):** 541-545.

Nievergelt, B. 1981. Ibex in an African Environment. Springer-Verlag, 189 pp., Berlim, Heidelberg, Nova Iorque.

Owen-Smith, N., e P. Novellie. 1982. O que é que um ungulado inteligente deve comer? Amer. Nat. 119: 151-178.

Pendharkar, A.P. 1993. Habitat use, group size and activity patternof goral (*Naemorhedus goral*) in Simbalbara Wildlife Sanctuary (Himachal Pradesh) and Darpur Reserved Forest (Haryana), India. Tese de Mestrado, Universidade de Saurashtra, Rajkot. 60 pp.

Pereira, J. 1854. The Elements of Material Medica and Therapeutics, Part 2, Blanchard and Lea, London. 4th Edn. pp. 802-809.

Pocock, R.I. 1910. On the specialised cutaneous glands of ruminants (Sobre as glândulas cutâneas especializadas dos ruminantes). Actas da Sociedade Zoológica de Londres. 840-986.

Pokharel, C.P. 1996. Hábito alimentar e utilização do habitat do veado do pântano (*Cervus duvauceli duvauceli*) no Parque Nacional Royal Bardia, Nepal. Tese de Mestrado. Universidade de Tribuvan, Nepal. 38 pp.

Prater, S.H. 1980. The book of Indian animals. *Bombay Nat. Hist. Soc.,* Oxford University Press. 324 pp.

Putman, R.J. 1984. Factos das fezes. *Mammal Rev.* 14: 79-97.

Qureshi, Q, N. Shah, A.R. Wadoo, R.Y. Naqqash, M.S. Bacha, N.A. Kitchloo, J.N. Shah, I. Suhail, S. Iqbal, K. Ahmad, I.A. Lone, M.Mansoor, R.A. Zargar,

S. Hussain, M.M. Baba, M.A. Parsa, A.R. Latoo e I. Dewan. 2009. Status and Distribution of Hangul *Cervus elaphus hanglu* Wagner in Kashmir, India. *J. Bombay Nat. Hist. Soc.* 106(1): 63-71.

Ranjitsingh, M.K. 1977. Threatened deer- Proceedings of a Working Meeting of the Deer Specialist Group of the Survival Service Commission on the IUCN Threatened Deer Programme and A Dossier on the Planning of Restoration Programmes for threatened mammals with special reference to deer, held at Longview, Washington State, U.S.A., 26th September, to 1st October, 1977.

Roberts, T.J. 1977. The mammals of Pakistan. Londres, Ernst Benn. 361 pp.

Roberts, T.J. 1997. The mammals of Pakistan. Oxford University Press. Karachi, pp. 525.

Rodgers, W.A. e H.S. Panwar. 1988. Planning a protected area network in India. Vol.1. Dehradun, Wildlife Institute of India. 341 pp.

Saberwal, V. 1989. Distribution and movement patterns of the Himalayan Black bear (*Selenarctos thibetanus*) in Dachigam National Park. Dissertação de mestrado, *Universidade de Saurashtra, Rajkot,* Gujarat. 81pp.

Sabnis, J.H. 2004. Food and Feeding Habits of Indian Wild Animals (Alimentos e hábitos alimentares dos animais selvagens indianos). Shivneri Publisher and Distributors, Godagenagar, Amravati, Índia.

Sabnis, J.H. 1981. An investigation into the food and habitat of India hare *Lepus nigricollis* in Chatri Fotest Amravati, Maharashtra. *Journal of the Bombay Natural History Society.* 78: 513-518.

Satakopan, S. 1971. Chaves para a identificação de restos de plantas em excrementos de animais. *Journal of Bombay Natural History Society.* **69:** 139-150.

Sathyakumar, S., S.A. Charoo e L.K. Sharma. 2009. Estudos ecológicos sobre o urso negro asiático (*Ursus thibetanus*) no Parque Nacional de Dachigam, Caxemira - uma atualização. International Bear News, Vol-18, (4), 16-17.

Sathyakumar, S. 1994. Ecologia do habitat dos principais ungulados no santuário de cervos almiscarados de Kedarnath, Himalaia Ocidental. Tese de doutoramento, Universidade de Saurashtra, Rajkot. 242 pp.

Sathyakumar, S. 1993. Status of mammals in Nanda Devi National Park. Scientific and Ecological Expedition to Nanda Devi. A Report. Dehradun, Wildlife Institute of India.

Schaller, G.B. 1977. Mountain Monarchs: Wild sheep and goats of the Himalaya. Chicago, University of Chicago Press. 425 pp.

Schaller, G.B. 1969. Observações sobre o veado-vermelho de Hangul ou Caxemira (*Cervus elaphus hanglu*). *J. Bom. Nat. His. Soc.* 66 (1): 1-7.

Schaller, G.B. 1977. O veado e o tigre. Chicago, University of Chicago Press.

370 pp.

Scott, G., B. Dahl. 1980. Chave para espécies vegetais selecionadas do Texas utilizando fragmentos de plantas. *Ocas. Pap. Museum Texas Tech. Univ.* **64:** 37 pp.

Shah, G.M., M.Y. Qadri e A.R. Yousuf. 1983. Winter diets of Hangul deer (*Cervus elaphus hanglu,* Wagner) at Dachigam National Park, Kashmir. *Journal of Indian Institute of Science* **64:** 129-136.

Shah, G.M., U. Jan, B.A. Bhat e F.A. Ahangar. 2009. Dietas do veado de Hangul *Cervus elaphus hanglu* (Cetartiodactyla: Cervidae) no Parque Nacional de Dachigam, Caxemira, Índia. *Journal of Threatened Taxa.* 1(7): 398-400.

Shakleton, D.M. 1997. Porquê Caprinae? (In) Shakleton, D.M. (Ed.). Wild sheep and their relatives: Estudo do estatuto e plano de ação de conservação para Caprinae. Gland, IUCN.p.5-7.

Sharma, L.K, S.A. Charoo e S. Sathyakumar. 2010. Understanding Asiatic black bear using Satellite telemetry at Dachigam Landscape, Kashmir, India. Telemetry in Wildlife Science. Boletim ENVIS: Vida selvagem e áreas protegidas, Vol.13 (1), (No prelo).

Sharma, L.K, S.A. Charoo, e S. Sathyakumar. 2010. Habitat use and food habits of Hangul (*Cervus elaphus hanglu*) at Dachigam National Park. Revista Espanhola de Vida Selvagem GALEMYS. 22: XX-XX, 1137-8700.

Sharma, L. K, S.A. Charoo e S. Sathyakumar. 2007. Utilização de técnicas não invasivas de ADN e de armadilhas fotográficas para a estimativa da população e o rastreio molecular do problemático urso-negro-asiático (*Ursus thibetanus*) no Parque Nacional de Dachigam e arredores, Caxemira. Conferência nacional sobre a biodiversidade dos Himalaias: Concerns and Issues at Center for Biodiversity Studies BGSB University, Rajouri (J&K), 2007.

Sharma, L. K, S.A. Charoo e S. Sathyakumar. 2009. Estudos ecológicos sobre o urso-negro-asiático no Parque Nacional de Dachigam, Caxemira, Índia. Simpósio internacional sobre a conservação do urso negro asiático em Taipei, Taiwan, 2009.

Sinclair, A.R.E. & J.N.M. Smith. 1984. Será que os compostos secundários determinam a preferência alimentar das lebres de sapato de neve? *Oecologia.* 61: 403-410.

Singh, G. e P. Kachroo. 1977. Forest flora of Srinagar. Natraj Publishers, Divisão de Publicações, Dehradun. 98pp.

Singh, G. e P. Kachroo. 1987. Forest flora of Srinagar. Periodical Expert Book Agency, Nova Deli. pp. 278.

Singh, G. e P. Kachroo. 1978. Plant Community Characteristics in Dachigam Sanctuary, Kashmir, Natraj Publishers, Publications Division, Dehradun. 434pp.

Sharia, V.B. 1998. Wildlife in India. Natraj Publishers, Divisão de Publicações,

Dehradun.p. 26-30.

Stewart, D.R.M. 1970. Survival during digestion of epidermis from plants eaten by ungulates. *Revue de Zoologie et de Botanique Africaines.* 82: 343-348.

Sterndale, R.A. 1884. Natural history of the mammalia of India and Ceylon. Culcutá, Thacker e Spink.

Stockley, C.H. 1936. Stalking in the Himalayas and Northern India. Herbert Jenkins Ltd, Londres.

Storr, G. 1961. Microscopic analysis of faeces, a technique for ascertaining the diet of herbivorous mammals. *Aust. J. Biol. Sci.* **14:** 157-164.

Tak, P.C. e G. Kumar. 1987. Vida selvagem do Parque Nacional de Nanda Devi. Uma atualização. *Indian J. Forestry.* 10(13): 184-190.

Upreti, B.N. 1979. Himalayan Musk Deer. *J. Nat. Hist. Mus.,* Kathmandu. 3: 109-120.

Vinod, T.R. 1997. A threat to goral in Great Himalayan National Park. *Caprinae News.* 5-6.

Vinod, T.R., S. Sathyakumar. 1999. Ecology and Conservation of Mountain Ungulates in Great Himalayan National Park, Western Himalaya. A Report. Dehradun, Wildlife Institute of India.

Wallamo, O.C., R.B. Gill & D.W. Reichert. 1973. Precisão das estimativas de campo dos hábitos alimentares dos veados. *J. Wildl. Mgmt.* 37: 556-562.

Wadia, D. 1966. Geology of India. Londres, Macmillan.

Wegge, P. 1976. Terai Shikar Reserves, Survey and Management Proposals (Reservas Terai Shikar, Levantamento e Propostas de Gestão).

FAO, NEP/72/002, Documento de Campo No. **4:** 1-78.

Westoby, M., G.R. Rost & J.A. Weis. 1976. Problem with estimating herbivores diets by microscopically identifying plant fragments from stomachs. *J. Mammal.* 57: 167-172.

Zimmer, P.J. 2004. Utilização do habitat de inverno e dietas de lebres com raquetes de neve na zona de Gardener, Montana. Tese de Mestrado. Universidade Estadual de Montana, Montana, 51 pp.

Zofia, G. 1980. Alimentação do corço (*Capreolus capreolus*) e do veado-vermelho (*Cervus elaphus*) na floresta primitiva de Bialowieza, Polónia. *Ata Theriologica* **25:** 487-500.

11 PLACAS

Placas 1.2: Um veado hangul (Stag) capturado pelo Departamento de Vida Selvagem de J&K, Divisão Sul

Placa 3: Portão 1 do PN de Dachigam

Placa 4: Caminho para os centros de salvamento do leopardo e do urso preto asiático

Placa 5: Dachigam Nalla

Placa 6: Covil/abrigo em carvalhal, Lower Dachigam

Placa 7: Lambedura de sal em carvalho para veados de Hangul

Placa 8: Cabana de observação em Oak Patch, Lower Dachigam

Placa 9: Piscicultura de trutas em Laribal, Lower Dachigam

Placa 10: Tanques de criação de trutas

Placa 11: Bunker da CRPF perto da Casa de Hóspedes VIP, Draphama

Placa 12: Casa de hóspedes VIP em Draphama

Placa 13: Torre de vigia de Drog

Placa 14: Acampamento anti-caça furtiva e anti-pastoreio

Placa 15: Veado almiscarado em Zahil, Alto Dachigam

Placa 16: Veado-vermelho em Oak patch, Lower Dachigam

Placa 17: Pellets de veado de Hangul

Placa 18: Pellets de veado almiscarado

Placa 19: Um jovem veado Hangul capturado pelo Departamento de Vida Selvagem, Divisão Central

ALGUMAS MICROHISTOGRAFIAS IMPORTANTES DE ESPÉCIES VEGETAIS PARA CHAVE DE REFERÊNCIA

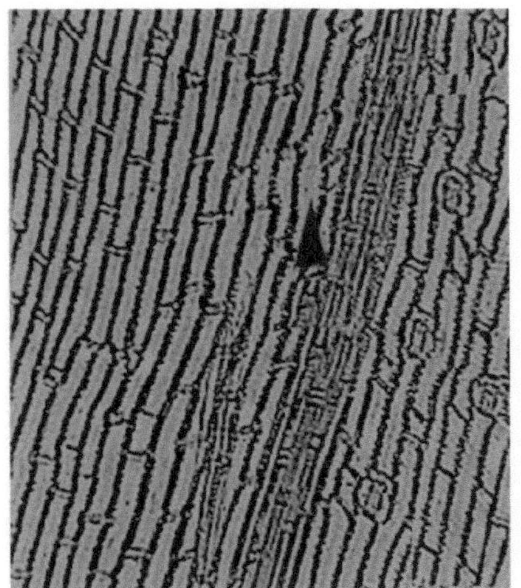

Plate 20: *Poa annua*

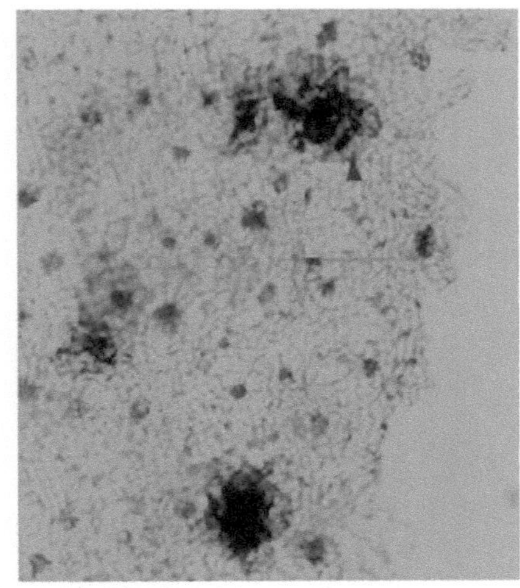

Plate 21: *Rhododendron anthopogon*

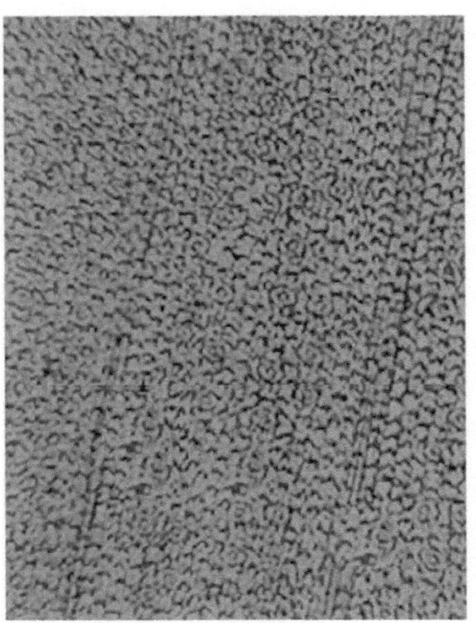

Plate 22: *Carex stenophylla*

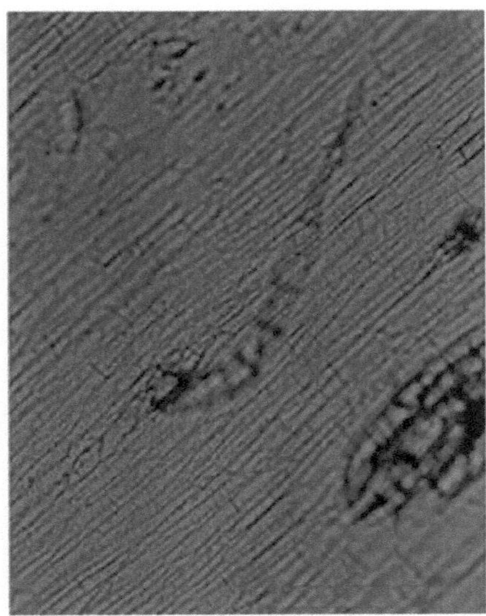

Plate 23: *Solidago virgaaurea*

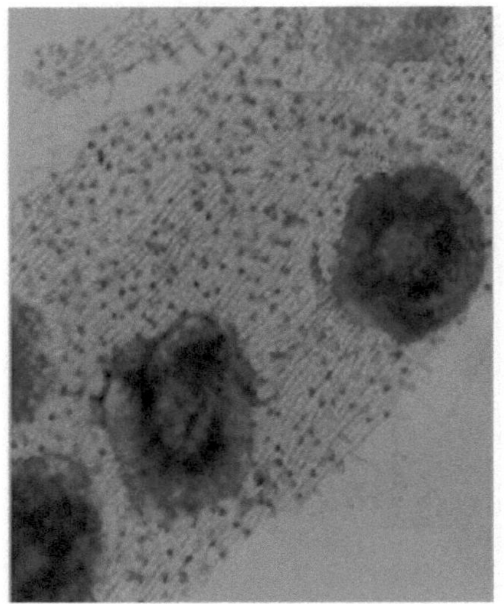

Plate 24: *Aesculus indica*

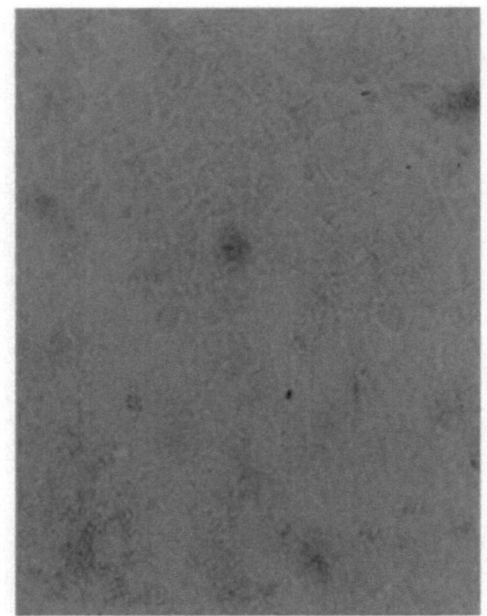

Plate 25: *Salix alba*

Plate 26: *Taraxacum officinale*

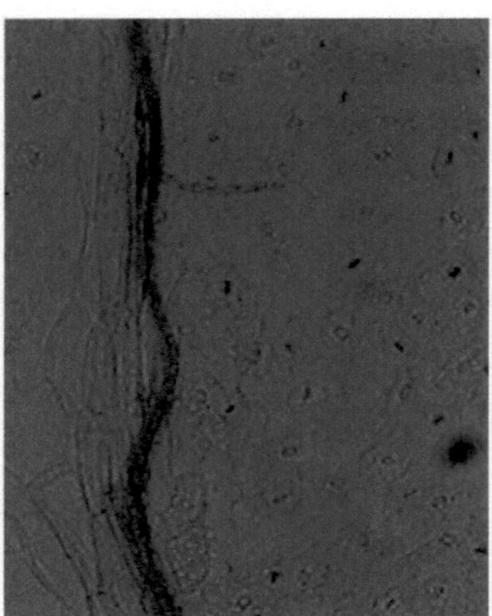

Plate 27: *Viola biflora*

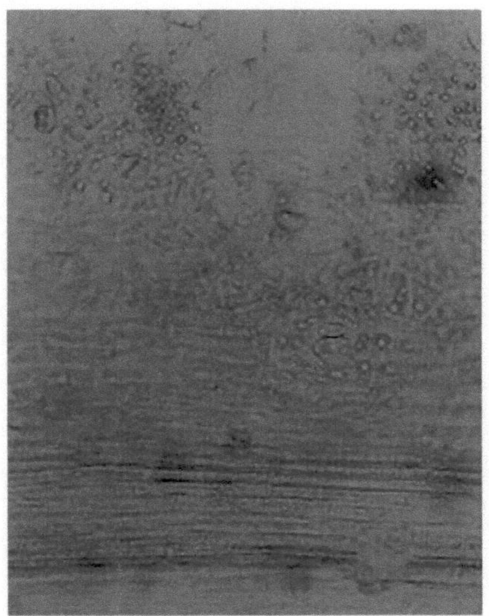

Plate 28: *Polygonum polystachyum*

Plate 29: *Artemisia parviflora*

Plate 30: *Rumex napalensis*

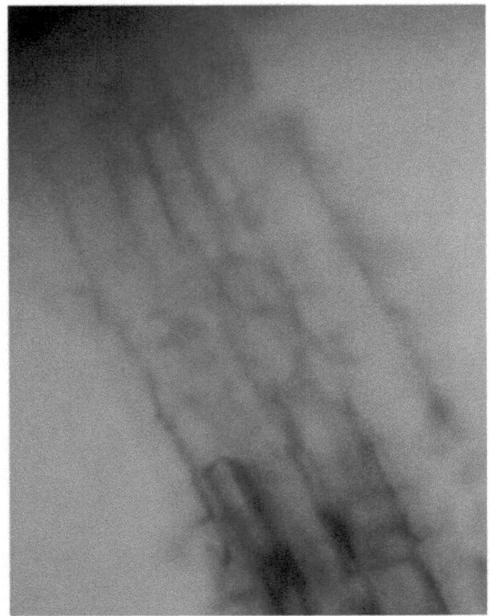

Plate 31: *Rubus hofemastraines*

Plate 32: *Berberis lucium*

Plate 33: *Quercus rober*

S.N.	Estado	Nome da zona protegida	Distrito	A AP está sob a jurisdição da WLW	Área em km2
1	Parques nacionais	Parque Nacional de Dachigam	Srinagar/ Pulwama	Central / Anantnag	141.00
2		Parque Nacional da Floresta da Cidade	Srinagar	Central	9.07
3		Parque Nacional de Hemis	Leh	Leh	3350.00
4		Parque Nacional de Kishtwar	Kishtwar Doda	/Chenab	425.00
5		Parque Nacional de Kazinag	Baramulla	Norte	89.00
1	Santuário de vida selvagem	Santuário de Vida Selvagem de Gulmarg	Baramulla	Norte	180.00
2		Santuário de Vida Selvagem de Limber	Baramulla	Norte	26.00
3		Santuário de Vida Selvagem de Lachipora	Baramulla	Norte	80.00
4		Overa - Santuário de Vida Selvagem de Aru	Anantnag	Anantnag	425.00
5		Santuário de Vida Selvagem de Hirpora	Shopian	Shopian	341.25
6		Santuário de vida selvagem de Rajparian (Daksum)	Anantnag	Anantnag	20.00
7		Santuário de Vida Selvagem de Karakoram	Leh	Leh	5000.00
8		Santuário de vida selvagem de Changthang	Leh	Leh	4000.00
9		Santuário de vida selvagem de Ramnagar	Jammu	Jammu	31.50
10		Santuário de Vida Selvagem de Jasrota	Kathua	Jammu	10.04
11		Santuário de Surinsar Mansar	Udhampur/ Samba/ Jammu	Jammu	97.82
12		Santuário de vida selvagem de Nandni	Jammu	Jammu	33.34
13		Santuário de vida selvagem de Thajwas (Baltal)	Ganderbal	Central	203.00
14		Santuário de Vida Selvagem de Trikuta	Reasi	Jammu	31.77

Anexo II: Diversidade faunística da J&K em comparação com o resto da Índia

Grupo	N.º de espécies		%	N.º de espécies endémicas	
	Índia	J&K		Índia	J&K
Mamíferos	372	73	20	30	1
Aves	1175	358	30	42	-
Répteis	399	68	17	132	1
Anfíbios	181	14	8	112	1
Borboletas	1500	158	11	-	-
TOTAL	**3627**	**571**	**16**	-	-

Anexo III: Espécies importantes da vida selvagem de Jammu e Caxemira

Caxemira	Jammu	Ladakh
Hangul	Veado-mateiro	Ibex
Veado almiscarado	Veado almiscarado	Shapu
Leopardo de Neve	Cervo que ladra	N^{ayan} (ovelha tibetana)
Leopardo-comum	Leopardo-comum	Bharal
Urso preto	Urso preto	Leopardo de Neve
Urso castanho	Goral	Gato Pallas
Markhor	Markhor	Grou de pescoço preto
Ibex	Ibex	Marmota dos Himalaias
Serow	Nilgai	Iaque selvagem

Anexo IV: Rede de zonas protegidas em J&K

Parques nacionais	05
Santuários de vida selvagem	14
Reservas de conservação	35
Área total protegida	16000 quilómetros quadrados (aprox.)

Anexo V: Biodiversidade de J&K

Espécies	Não.
Plantas	4440
Animais	571
Mamíferos	73
Aves	358
Répteis	68
Anfíbios	14
Borboletas	158
Insectos	225

Anexo VI: Lista das espécies arbóreas do Parque Nacional de Dachigam

Árvore	Família	Nome local	Estado
Euonymus fimbriatus Wallin roxb	Celastraceae	Tran, Lichhoi	Pouco comum
Euonymus hamitonianus Wallich.	"	Sheelkul, Chhalchhattar	Pouco comum
Ziziphus mauritiona Lamk.	Rhamnaceae	Ber, Badra	Comum
Crataegus songarica G.Koch.	Rosáceas	Ringkul, Shonth	Comum
Prunus cornuta(Wall x. Royle) steudel	"	Bharath	Comum
Prunus cerasifera	"	Chaier	Comum
Pyrus malus	"		
Fraxinus hookeri Wenzig	Oleáceas	Sinnu, Soom, Hoom	Ameaçado
Celtis australis Linn.	Ulmáceas	Kharak brimij	Comum
Ulmus wallichiana planchon.	"	Marnu brin, Braari, Bradey	Comum
Ulmus lavigata	"	Comum	Comum
Platanus orientalis L.	Plantanáceas	Booin, Chinaar, Chanaar	Comum
Juglans regia Linn.	Juglandaceae	Nogueira, dun, khod, Achho	Comum
Betula utilis D.Don.	Betuláceas	Burja, Bhojpatra	Comum
Quercus robber L.	Fagaceae	Carvalho, Vilaiti, Banj	Comum
Populus caspica Bornm.	Salicáceas	Frass, Safeda	Comum
Salix alba Linn.	"	Bot vir, salgueiro branco	Comum
Salix babylonica	"	Majnoo kashirveer	Comum
Salix wallichiana	"	Girveer, Geur, Bhanshri	Comum
Abies pindrow Royle.	Pinaceae	Abeto branco, Budul, Taleesha	Comum
Pinus excelsa	"	Comum	Comum
Taxus wallichiana	Taxaceae	Postul	Ameaçado
Parrotiopsis jacquimontiana (Decne) Rehder.	Hamamelidaceae	Hatab, Pasaid	Comum
Rubinia psedoacacia	Papilionáceas	Comum	Comum
Acer caesium	Aceráceas	Chaind, Tilpattar	Comum
Morus nigra	Moráceas	Tul	Comum

143

Morus indica	"	Tul	Comum
Morus alba	"	Tul	Comum

Anexo VII: Lista das espécies arbustivas do Parque Nacional de Dachigam

Arbusto	Família	Nome local	Estado
Berberis huegeliana schaeider	Berberidaceae	Sumbal, Daruharidra	Raro
Indigofera hebepetala Benth.ex.baker.	Fabáceas	Krass, Sakena	Escassamente distribuído
Indigofera haterantha wallich ex. Brandis	"	Krass, kainthi	Comum
Rosa webiana Wallich ex. Royle.	Rosáceas	Arwal, Jungli gulaab	Comum
Rosa antennifer	"	Jhaanshi, chhanchh	Comum
Rubus pungens Comb.	"	Chhansh, Jhaansh	Comum
Rubus ulmifolius Schott	"	Jhaanshi, Chhansh	Comum
Sorbaria tomentosa (lindley) Rehder	"	Karukni, Kidsungal	Comum
Spiraea canescens D.Don	"	Dhakk, Takky	Comum
Hydrangea macrophylla L.	Hortênsia	Himgainda	Abundante
Chaerophyllum acuminatum Lindley	Apiaceae	Chikmi, Neochha	Comum
Vibernum cotinifolium D.Don	Caprifoliaceae	Kumansh, Bhutnoi	Abundante
Lonicera quinquelocularis Hardw.	"	Bakkadu, Paakhar	Comum
Gaultheria trichophylla Royle.	Ericaceae	Gandhpuri booti, Gandhpura	Abundante
Rhododendron anthopogon D.Don.	"	Nchhni, Inga	Comum
Daphne mucronata Royle.	Thymelaeaceae	Kaapshadi, kachlum, kuilal	Comum
Juniperus communis L.	Cupressaceae	Bethri, Bethur, Hapusha	Comum
Juniperus recurna Buch- Ham ex. D.Don.	"	Palash, Bithur	Comum

Anexo VIII: Lista das plantas aromáticas do Parque Nacional de Dachigam

Ervas	Família	Nome local	Estado
Anémona obtusiloba	Ranunculáceas	Jota de rotim	Pouco comum
Aquilegia pubiflora wallich ex royle	"	Sita di panni	Pouco comum
Fragrância de Aquilegia. Benth	"	Maime hait, kalumb	Comum
Clath alba camb.	"	Tahool , Ashpmaar	Comum

Clematis connata DC	"	Hathkad bel, Dhanvati	Comum
Clematis montana	"	Dashraanth , Dudh chivara	Comum
Delphinium denudatum wallich ex hook.f. &Thomas	"	Nirbis , Nirvisha	Comum
Delphinium roylei munz	"	Nirbis ,Nirvisha	Comum
Thalictrum minus L	"	Peeli bani, Haichinsah	Comum
Thalictrum pedunculatum Edqew.	"	Mamira ,Pinjaari	Pouco comum
Viola sylvatica	Violáceas	Nunposh	Comum
Arenaria serpylliofolia Linn.	Cryophyllacea e	Letarluni	Pouco comum
Lychnis cornaria (L.)Desr.	"	Laltraukal, Angaarda	Ameaçado
Hypericum perforatum L.	Hipericáceas	Basantadu, Basanti	Comum
Tribulus terresteris L.	Zygophyllacea e	Bhakhada, Tirkundi	Comum
Impatiens bicolor Royle.	Balsamináceas	Trul, Hajlu,	Comum
Lathyrus emodi (Wall.ex.Fritsch)Ali	Fabáceas	Khukni, Triputa	Abundante
Lathyrus pratensis Linn.	"	Khukni	Comum
Lotus corniculatus	"	-	Comum
Genum elatum Wallich.	Rosáceas	Gogji mool, Bhadrashaak	Comum
Potentilla atrosanguina Lodd.	"	Bajardantu, Rolu	Ameaçado
Astilbe rivularis Buch.Ham.Ex.D.Don.	Saxifragaceae	Pothi	Comum
Sexifraga Sibirica	"	-	Comum
Sedum adenotrichum Wall.Ex.Edgew.	Crassuláceas	Dazanposh	Abundante
Epilobium parviflorum Schreb.	Onagraceae	Mellu, Loontar jadi	Comum
Bupleurum swatianum Nasir.	Apiáceas	Zardzaari, Shashparni	Comum
Chaerophyllum acuminatum Lindley.	"	Chikmi, Neochha	Comum
Chaerophyllum reflexum Lindley.	"	Jadgagari, Mukhach	Comum
Ferula jaeschkeana Vatke.	"	Haput Kanphur, Hinga, Ghud-	Comum
		kaindal	
Heracleum lantum Michx.	"	Shuriyal, Phulao,	Comum

Chaerophyllum villosum Wall.ex.DC.	"	Mukhach	Comum
Pimpinella diversifolia DC.	"	Jehn,tirua	Comum
Scandix pecten-veneris L.	"	Indusaag Kachhidana	,Comum
Seseli libanotis (L)W.Koch.	"	Sappad gajari	Comum
Vicatia coniifolia DC.	"	Shila dhaniya	Abundante
Asperrula oppositifolia Regal.&Schmalth.	Rubiáceas	Machheet, Chhalmajeeth	Comum
Gallium asperuloides edgew	"	Machheetu	Comum
Gallium vernum Linn.	"	Catana Peela	Comum
Anaphalis margaritacea(L)Benth.	Asteraceae	Bhojli,Kinja	Comum
Anaphalis nepalensis (Sprengel)Hand.	"	Telgangi, Bhujli	Comum
Artemisia dubia Wallich ex.Besser	"	Joon, krinidru	Comum
Artemisia parviflora Roxb.	"	Joon, Tethwan	Comum
Aster diplostephioids C.B.Clark	"	Tarakpushp, phullala	Abundante
Carpesium abrotanoides Linn.	"	Lihur	Comum
Picris hieracioides Linn.	"	Trumbadu	Raro
Saussurea albescens (DC)Sch.Bip.	"	Baklol	Comum
Saussurea atkinsonii C.B.Clark	"	Lokat, Baklol	Comum
Saussurea heteromalla (D.Don)Hand-mazz	"	Batola, Dashund	Comum
Solidago virgaaurea Linn.	"	Thanthaana, Sondandi, Kanakshalakha	Comum
Tarracetum dolichophyllum(Kitam)Kitam	"	Lidd guggli, chinnparni	Abundante
Taraxacum officinale Webr.	"	Handri, Hand, Dullal	Comum
Tragopogon dubius Scop.	"	Thulkal,Girginok	Comum
Tussilago Farfara Linn.	"	Chilchiloti, Ghudkhura	Ameaçado
Asyneuma thomsonii (HK.f.et.Th.)Bornm	Campanulacea e	Branzbooti,Branzh aak	Ameaçado
Campanula aristata Parede	"	Padi-branz	Comum
Campanula cachmeriana Royle.	"	Kashir branz	Comum
Campanula lotifolia L.	"	Branz ghainti	Comum
Codonopsis ovata Benth.	"	Tokerkachh, Dodad	Ameaçado

Androsace rotundifolia Hardw.	Primuláceas	Golpattri tuttan	Comum
Androsace sempervivoids Jacquem ex Duby	"	Ashamkund	Abundante
Primula macrophylla D.Don	"	Kaangla-Naakla, Peetsevti	Comum
Primula rosea Royle.	"	Mundaal, peetsevti	Comum
Cynanchum arnottianum Wight.	Asclepiadáceas	Dudhad	Ameaçado
Cynanchum auriculatum Roly ex	"	Dudhad	Ameaçado
Gantiana marginata (. Don) Griseb.	Gentianaceae	Neelkanth, Shirkanth	Comum
Nymphoides peltata (S. Gmelin)	Menyanthaceae	Lidd khur	Comum
Asperugo procumbens L.	Boragináceas	-	Comum
Cynoglossum lanceolatum Forsk.	"	Khitdi	Comum
Onosma hispidum Wallich ex.G.Don.	"	Ratanjot, loljad	Ameaçado
Verónica biloba Linn.	Scrophulariaceae	Titni	Comum
Veronica persica Poiret.	"	Ashvashaak	Comum
Pedicularis pectinata Wallich ex.Benth	"	Kankatyukaparn, shaluth	Comum
Orobanche solmsii C.B.Clark ex. Hook.f.	Orobanchaceae	Lothus, Jadkhaar	Comum
Petracanthus utricifolius (Kuntze) Bremek.	Acantáceas	Pardaad,Mauhwa, Kunchpushp	Comum
Verbena officinalis Linn.	Verbenáceas	Bareen	Abundante
Nepeta erecta (Benth) Benth.	Lamiaceae	Neelpat, Bidaal Parnaas	Comum
Nepeta lacvigata (D.Don.) Hand-Mazz.	"	Neelpat, Gandhsoi	Comum
Rumex acetosa Linn.	Plygonaceae	Ulloh, Tsoktsin	Comum
Rumex nepalensis Sprengel.	"	Ubaj, Chooka	Abundante
Euphorbia helioscopia L.	Euphorbiaceae	Dudhi, Gur sutchsul, Heerusi	Comum
Euphorbia plorifera hook f. & Thomus	"	Dudhli, Dudhi	Comum
Parieteria lusitanica linn	Urticáceas	-	Comum
Epipactis royleana Lindley.	Orquidáceas	Amarkand,phullch amba	Comum
Spiranthes sinensis (pers)ames.	"	Muchhmarool, Amarkand	Abundante

147

Iris germanica L.	Iridáceas	Majaarmund, Sosem	Comum
Hemerocallis fulva Linn.	Liliaceae	Riudd, Sunaari	Comum
Juncos articulatus Linn.	Juncaceae	Pranad, Tillar	Comum

Anexo IX: Trepadores e gémeos no Parque Nacional de Dachigam

Escaladores e Twinner	Família	Nome local	Estado
Potentialla reptans Linn.	Rosáceas	Rengti vajradanti	Comum
Rosa burnonii Lindl.	"	Arwl, Kreech	Comum
Sibbaldia cuneata Hormem ex.Kuntze.	"	Sinja, chukadu	Comum
Aralia cachmerica Decne.	Araliaceae	Khori, Albo	Comum
Hedera nepalensis Koch.	"	Kateembri, Karoori, Agraanth	Comum
Smilax aspera L.	Smilacaceae	Kaldaaioon, Atkeer	Comum
Smilax vaginata Decne.	"	Thir, Cheenmool	Comum
Dioscorea deltoidea Wall. Ex. Kunth.	Dioscoreaceae	Kreensh, Krees, Kildari, Shingli-mingli	Ameaçado

Anexo X: Gramíneas e juncos no Parque Nacional de Dachigam

Gramíneas e juncos	Família	Nome local	Estado
Carex Stenophylla Vahl.	Cyperaceae	Phikal	Abundante
Kobresia laxa Nees.	"	Kubber	Ameaçado
Scripus setaceus Linn.	"	Kaseru, Ghussad	Comum
Eriocaulon cinereun R.Br.	Eriocauláceas	Irka	Comum
Agrostis pilosula Trinius.	Poaceae	Ghaas	Abundante
Datylis glomerata Linn.	"	Trakkad, Panjaghaas	Comum
Digitaria sanguinalis (L.) Scop	"	Chhal, Trakkad	Comum
Phleum alpinum Linn.	"	Jaamno gha	Comum
Poa alpina Linn.	"	Humulu, Shaadal ghass	Comum

Anexo XI: Ficha de observação direta

Stand	Species	Date	Time	Weather	Veg. Type	Slope (x°)	Vantage point (GPS)	Altitude	Activity (Resting/ moving/ feeding)	Group size/herd size	Remarks
1											
2											
3											

More
Books!

info@omniscriptum.com
www.omniscriptum.com
OMNIScriptum

Printed by Books on Demand GmbH, Norderstedt / Germany